统计方法与应用专著丛书

具有噪声和时滞的基因调控网络动力学分析

毕远宏　刘全生　余海艳　侯建敏　高麟　著

中国商务出版社

·北京·

图书在版编目（CIP）数据

具有噪声和时滞的基因调控网络动力学分析 / 毕远宏等著 . –– 北京：中国商务出版社，2023.12

ISBN 978-7-5103-4978-2

Ⅰ . ①具… Ⅱ . ①毕… Ⅲ . ①基因表达调控—动力学分析 Ⅳ . ① Q786

中国国家版本馆 CIP 数据核字（2023）第 250480 号

具有噪声和时滞的基因调控网络动力学分析
JUYOU ZAOSHENG HE SHIZHI DE JIYIN TIAOKONG WANGLUO DONGLIXUE FENXI

毕远宏　刘全生　余海艳　侯建敏　高麟　著

出　　　版：	中国商务出版社
地　　　址：	北京市东城区安外东后巷 28 号　　邮　编：100710
责任部门：	教育事业部（010-64255862　cctpswb@163.com）
策划编辑：	刘文捷
责任编辑：	谢　宇
直销客服：	010-64255862
总 发 行：	中国商务出版社发行部（010-64208388　64515150）
网购零售：	中国商务出版社淘宝店（010-64286917）
网　　　址：	http://www.cctpress.com
网　　　店：	http://shop595663922.taobao.com
邮　　　箱：	cctp@cctpress.com
排　　　版：	德州华朔广告有限公司
印　　　刷：	北京建宏印刷有限公司
开　　　本：	787 毫米 × 1092 毫米　1/16
印　　　张：	5.75　　　　　　　　　　字　数：103 千字
版　　　次：	2023 年 12 月第 1 版　　　印　次：2023 年 12 月第 1 次印刷
书　　　号：	ISBN 978-7-5103-4978-2
定　　　价：	48.00 元

丛书编委会

主　　编　王春枝

副主编　何小燕　米国芳

编　　委（按姓氏笔画排序）

王志刚　王金凤　王春枝　永　贵　毕远宏　吕喜明

刘　阳　米国芳　许　岩　孙春花　杨文华　陈志芳

序

党的十八大以来，党中央坚持把教育作为国之大计、党之大计，做出加快教育现代化、建设教育强国的重大决策，推动新时代教育事业取得历史性成就、发生格局性变化。2018年8月，中央文件提出高等教育要发展新工科、新医科、新农科、新文科，把服务高质量发展作为建设教育强国的重要任务。面对社会经济的快速发展和新一轮科技革命，如何深化人才培养模式，提升学生综合素质，培养德智体美劳全面发展的人才是当今高校面对的主要问题。

统计学是认识方法论性质的科学，即通过对社会各领域海量涌现的数据的信息挖掘与处理，于不确定性的万事万物中发现确定性，为人类提供洞见世界的窗口以及认识社会生活独特的视角与智慧。面对数据科学技术对于传统统计学带来的挑战，统计学理论与方法的发展与创新是必然趋势。基于此，本套丛书以经济社会问题为导向意识，坚持理论联系实际，按照"发现问题—分析问题—解决问题"的思路，尝试对现实问题创新性处理与统计方法的实践检验。

本套丛书是统计方法与应用专著丛书，由内蒙古财经大学统计与数学学院统计学学科一线教师编著，他们睿智勤劳，为统计学的教学与科研事业奉献多年，积累了丰富的教学经验，收获了丰硕的科研成果，本套丛书代表了他们近几年的优秀成果，共12册。本套丛书涵盖了数字经济、金融、生态、绿色创新等多个方面的热点问题，应用了多种统计计量模型与方法，视野独特，观点新颖，可以作为财经类院校统计学专业教师、本科生与研究生科学研究与教学案例使用，同时可为青年学者学习统计方法及研究经济社会等问题提供参考。

本套丛书在编写过程中参考和引用了大量国内外同行专家的研究成果，在此深表谢意。同时本套丛书的出版得到内蒙古财经大学的大力资助和中国商务出版社的鼎力支持，在此一并表示感谢。本套丛书作者基于不同研究方向致力于统计方法与应用创新研究，但受自身学识与视野所限，文中观点与方法难免存在不足，敬请广大读者批评指正。

丛书编委会

2023 年 8 月 10 日

前　言

　　基因调控网络是基于实验数据而获得的细胞内DNA、RNA和蛋白质之间相互作用的网络。基于生化反应原理对基因调控网络建立数学模型，利用数学、物理、化学和计算机的理论模拟和分析基因调控网络的动力学，可以进一步理解网络所描述的生物机理。

　　基因调控网络的生物噪声是不可避免的。生物系统中环境的波动和生化反应的内在随机性使得不同细胞内同一分子浓度的时间序列不同，进而产生生物噪声。生物噪声不仅引起细胞内信息传递的不确定性，也会引起细胞命运选择的多样性。在数学模拟中，具有高斯分布的随机过程可以刻画生物噪声，然而，生物实验中mRNA和蛋白质会以爆发式形式产生，因此，有的理论用具有重尾和大脉冲的Lévy噪声模拟不对称外观和随机跳跃的生物噪声。进一步分析高斯白噪声或Lévy噪声的相关参数对基因调控网络动力学的影响对了解生物机理起到重要的作用。

　　基因调控网络中时滞是普遍存在的。基因表达中基因转录和mRNA翻译都具有一定的时滞，而时滞可引起丰富的动力学，包括振荡动力学，振荡动力学对细胞命运起到重要作用。霍普夫（Hopf）分岔是产生振荡的必要条件。因此，分析时滞引起基因调控网络Hopf分岔的条件对了解时滞对网络动力学的影响有重要意义。

p53基因调控网络是由肿瘤抑制蛋白p53和它的许多调控蛋白ATM、Mdm2和Wip1通过激活和抑制环路构成。它们共同调控p53的表达水平，在正常情况下，由于抑制蛋白Mdm2的抑制作用，使得p53的表达水平较低，但压力使得p53的表达水平升高，p53表达水平持续振荡对应细胞周期阻滞，p53的高表达对应细胞凋亡，而噪声和时滞是基因调控网络中不可避免的，分析噪声相关的参数和时滞对p53动力学的影响，对了解压力后细胞命运决定起到重要作用。

基于此，本书研究基因调控网络中噪声和时滞对p53动力学的影响，在第2章对一个二维p53基因调控网络进行分岔分析，第3章分析高斯白噪声诱导p53双稳态动力学的转迁，第4章分析Lévy噪声引起p53动力学从稳态到振荡的转迁，第5章是时滞诱导的p53振荡动力学的分析。

本书的出版得到了国家自然科学基金项目（11702149，12062017）、内蒙古自治区自然科学基金重大项目（2021ZD01）、内蒙古自治区高等学校创新研究团队计划项目（NMGIRT2208）、内蒙古经济数据分析与挖掘重点实验室和内蒙古财经大学统计与数学学院学科建设经费的资助，在此表示衷心的感谢！

由于编者水平有限，本书可能存在错误和不足，恳请大家批评指正！

作　者

2023年10月

目录

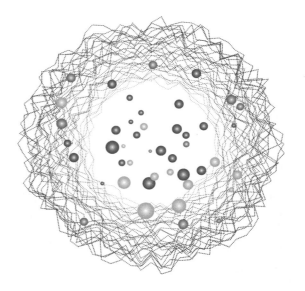

1 绪 论

1.1 研究背景与研究意义

分析基因调控网络的动力学对了解相应生物过程的机理起到重要作用。p53基因调控网络中p53的动力学与细胞命运密切相关[1]。在正常情况下，p53的表达水平较低，当细胞受到压力时，适当的压力使得p53表达水平出现振荡，引起细胞周期阻滞。而较大的压力使得p53表达水平较高，引起细胞凋亡[2-3]。p53不同的表达受到蛋白质Mdm2、ATM和Wip1等调控[4-6]，基于这些调控作用，许多研究建立了包括p53和它的调控蛋白的数学模型，通过对这些模型进行理论分析和数值模拟，探究影响p53动力学的因素[7-8]。

分岔分析是研究模型动力学转迁的重要手段[9-10]。分岔图可以给出模型中不同参数值对稳态转迁的影响。一些研究从理论上对低维模型进行分岔分析，给出余维1的鞍结（Saddle-node）分岔，霍普夫（Hopf）分岔以及余维2的Bogdanov - Takens分岔产生的条件[11-12]。而有些研究从数值上对高维模型进行分岔分析。p53基因调控网络分岔分析显示网络中的参数和蛋白质浓度的改变使得p53表现丰富的动力学，比如稳定的稳态、振荡、两个稳定稳态共存的双稳态、稳定稳态和极限环共存的多稳态等[7]。

基因调控网络的随机噪声可引起网络中不同动力学的转迁[13-14]。在理论上，一些研究利用随机敏感函数、置信椭圆和环面的方法，分析噪声强度引起稳定稳态的转迁[15]。在数值方面，一些研究结合时间序列、平均首通时间、转迁概率和能量面等方法，分析模型中参数和噪声强度对稳态转迁的影响[16-17]。一些研究结合统计物理中的一些指标，比如最大李雅普诺夫指数和香农熵等，预测噪声引起稳定稳态转迁的临界点[18]。

基因调控网络中的时滞也会引起稳态的转迁。时滞会引起稳定稳态失去稳定性而产生稳定的极限环，进而使系统发生Hopf分岔，许多研究利用Hopf分岔的理论分析时滞引起Hopf分岔的条件。

因此，分析p53基因调控网络确定模型的动力学，并探讨噪声和时滞对p53动力学的影响是值得进一步研究的问题。

1.2 国内外研究现状

许多数学模型描述p53基因调控网络并探讨p53动力学调控不同细胞命运[7-8]。这些模型主要包括两个负反馈回路p53-Mdm2 和ATM-p53-Wip1，p53促进Mdm2和Wip1基因的转录，然而它们翻译出来的蛋白质却抑制p53的表达。一些研究通过分岔分析显示在不同蛋白质水平和反应速率常数下，p53表达水平表现为丰富的动力学，比如单稳态、两个稳定的稳态、稳定稳态和振荡共存的双稳态或者振荡[7]。尤其是在一些实验中，不同群体细胞和单个细胞中观察到振荡现象[19]。许多研究通过理论和数值方法分析模型并探讨p53振荡的机制[20]，其中时滞是引起振荡的重要因素[21]。

许多研究利用噪声模拟随机波动并从理论和数值上分析噪声对动力系统中不同动力学转迁的影响[22-25]。在文献[26] 中，理论上结合随机敏感函数，利用置信椭球和环面的方法，分析高斯白噪声可引起三维酶动力学模型从稳定稳态到大幅的尖峰振荡和混沌的转迁。在文献[7]中，针对一个耦合正反馈回路，利用能量面探讨了高斯白噪声和回路中的反馈强度对两个稳定稳态转迁的影响，结果显示，适当的回路反馈强度和一定强度的噪声能引起低稳态到高稳态的转迁。文献[27]分析了具有三个稳定稳态的系统中噪声引起的稳态转迁问题，并且利用最大李雅普诺夫指数和香农熵预测了噪声引起转迁的临界值。

1.3 本书研究工作

本书对几个p53基因调控网络的确定模型进行分岔分析，并分析噪声和时滞对p53动力学的影响。

第1章，绪论。介绍本书研究内容的背景、意义以及国内外研究现状，从而指出分析p53基因调控网络动力学以及探究噪声和时滞对p53动力学影响的必要性。

第2章，一个二维p53基因调控网络的分岔分析。针对一个二维p53基因调控网络，在无时滞和有时滞情况下，利用理论分析和数值模拟分析网络中平衡点的稳定性和网络产生分岔的条件。

第3章，高斯白噪声引起p53基因调控网络的双稳态转迁。分析噪声强度对鞍结分岔点附近以及远离分岔点的稳态转迁问题，并用能量面解释转迁原理。

第4章，Lévy噪声诱导p53基因调控网络分岔点附近的相转迁。分析Lévy噪声参数对稳态转迁的影响，并利用几个转迁指标和能量面预测转迁点。

第5章，时滞引起p53基因调控网络的振荡动力学分析。利用稳定性理论给出时滞引起Hopf分岔的条件，数值模拟验证了理论结果，并给出p53的表达水平关于时滞和网络参数的分岔图，进一步了解其对p53振荡动力学的影响。

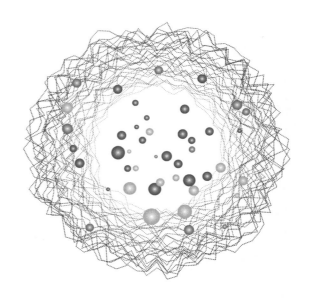

2　一个二维p53基因调控网络的分岔分析

在本章，在无时滞和有时滞情况下，利用理论分析和数值模拟分析一个二维 p53 基因调控网络的稳定性和分岔。在没有时滞时，利用笛卡尔符号法则，雅可比矩阵的行列式和迹分析正平衡点的存在性和局部稳定性。然后利用 Sotomayor's 定理和 Hopf 分岔定理得到余维 1 鞍结分岔和 Hopf 分岔产生的条件，而通过第一李雅普诺夫数判断 Hopf 分岔引起极限环的稳定性。此外，通过计算尖点附近的普适开折分析余维 2 Bogdanov-Takens 分岔。在有时滞时，我们得出时滞使平衡点失稳的条件。所有理论结果都通过数值模拟进行验证，这些结果可以加深对 p53 动力学的理解，并对生物应用提供一些指导。

2.1 模型描述

我们考虑一个由 p53 和其负调控子 Mdm2 构成的核心 p53 基因调控网络[28-29]，如图 2.1 所示，包括一个 p53 的自激活正反馈回路以及一个 p53 和 Mdm2 之间的负反馈回路，其中，p53 提高蛋白质 Mdm2 的表达，但是 Mdm2 促进 p53 的降解。p53 和 Mdm2 浓度 x 和 y 的速率方程如下，

$$\begin{cases} \dfrac{\mathrm{d}x}{\mathrm{d}t} = r_1 + v_1 \dfrac{x^2}{k_1^2 + x^2} - v_2 y \dfrac{x}{k_2 + x} - d_1 x = f_1(x, y), \\ \dfrac{\mathrm{d}y}{\mathrm{d}t} = r_2 + v_3 \dfrac{x^2}{k_3^2 + x^2} - d_2 y = f_2(x, y). \end{cases} \tag{2.1}$$

其中，r_1 和 r_2 分别表示 p53 和 Mdm2 本底产生速率。p53 激活自身和 Mdm2 的产生，希尔函数表示激活函数，v_1 和 v_3 是最大产生速率，k_1 和 k_3 是希尔常数，d_1 和 d_2 分别是 p53 和 Mdm2 的本底降解速率。Mdm2 调控 p53 的降解函数是 Michaelis-Menten 函数，k_2 是 Michaelis 常数，v_2 是降解速率。

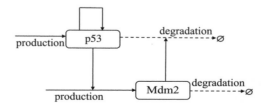

图 2.1 p53 基因调控网络的模型图

2.2 平衡点分析

在本部分，我们分析系统（2.1）正平衡点的存在性和稳定性。

2.2.1 正平衡点的存在性

在本部分，我们重点分析系统（2.1）的正平衡点存在的条件。假设系统（2.1）的一个正平衡点是 $E(x_*, y_*)$，并且满足下面的方程，

$$\begin{cases} f_1(x,y) = r_1 + v_1 \dfrac{x_*^2}{k_1^2 + x_*^2} - v_2 y_* \dfrac{x_*}{k_2 + x_*} - d_1 x_* = 0, \\ f_2(x,y) = r_2 + v_3 \dfrac{x_*^2}{k_3^2 + x_*^2} - d_2 y_* = 0. \end{cases} \tag{2.2}$$

显然，（2.2）的第二个方程等价于下面的方程，

$$y^* = \frac{r_2}{d_2} + v_3 \frac{x_*^2}{d_2(k_3^2 + x_*^2)} \tag{2.3}$$

重新整理（2.2）的第一个方程，我们得到：

$$g(x_*) = \frac{F(x_*)}{S(x_*)} = 0 \tag{2.4}$$

其中，

$$F(x_*) = C_6 x_*^6 + C_5 x_*^5 + C_4 x_*^4 + C_3 x_*^3 + C_2 x_*^2 + C_1 x_* + C_0 \tag{2.5}$$

$$S(x_*) = d_2(k_1^2 + x_*^2)(k_2 + x_*)(k_3^2 + x_*^2) \tag{2.6}$$

$$\begin{aligned} &C_0 = d_2 k_1^2 k_2 k_3^2 r_1, \\ &C_1 = k_1^2 k_3^2 (d_2 r_1 - r_2 v_2 - d_1 d_2 k_2), \\ &C_2 = d_2 k_1^2 k_2 r_1 + k_3^2 (d_2 k_2 r_1 + d_2 k_2 v_1 - d_1 d_2 k_1^2), \\ &C_3 = -k_1^2 v_2 v_3 + k_3^2 (d_2 v_1 + d_2 r_1 - r_2 v_2 - d_1 d_2 k_2) + k_1^2 (d_2 r_1 - r_2 v_2 - d_1 d_2 k_2), \\ &C_4 = -d_1 d_2 k_3^2 + (d_2 k_2 r_1 + d_2 k_2 v_1 - d_1 d_2 k_1^2), \\ &C_5 = d_2 r_1 + d_2 v_1 - r_2 v_2 - v_2 v_3 - d_1 d_2 k_2, \\ &C_6 = -d_1 d_2. \end{aligned} \tag{2.7}$$

显然，x_* 是下面方程的根，

$$F(x) = 0 \tag{2.8}$$

如果方程（2.8）的根 x_* 是正的，根据具有正速率常数的方程（2.3），y_* 也是正

的。因此，方程（2.8）的正根存在条件适用于系统（2.1）的正平衡点存在的条件。

根据笛卡尔符号法则，系统（2.1）正平衡点的数量在表2.1给出。显然，在C_0 $C_6 < 0$时，系统（2.1）至少有一个正平衡点。此外，根据方程（2.7）我们得出，如果$C_2 < 0$，则$C_4 < 0$，如果$C_4 > 0$，则$C_2 > 0$。因此，根据表2.1的情况1-4，我们得出系统（2.1）的唯一正平衡点存在的条件，见定理2.1。

表 2.1 系统（2.1）正平衡点 x^* 的数目

Cases	C_0	C_1	C_2	C_3	C_4	C_5	C_6	Number of sign changes	Number of possible positive roots(E_*)
1	+	−	−	−	−	−	−	1	1
2	+	+	−	−	−	−	−	1	1
3	+	+	+	+	+	−	−	1	1
4	+	+	+	+	+	+	−	1	1
5	+	+	+	−	+	−	−	3	1,3
6	+	−	+	+	+	−	−	3	1,3
7	+	+	−	+	−	−	−	3	1,3
8	+	−	+	−	−	−	−	3	1,3
9	+	−	−	+	−	+	−	3	1,3
10	+	−	−	−	+	+	−	3	1,3
11	+	+	−	−	−	+	−	3	1,3
12	+	+	+	−	+	+	−	3	1,3
13	+	−	+	+	+	+	−	3	1,3
14	+	+	−	+	−	+	−	3	1,3
15	+	−	−	+	−	+	−	3	1,3
16	+	+	+	+	−	−	−	3	1,3
17	+	−	−	+	−	−	−	3	1,3
18	+	−	+	−	−	−	−	3	1,3
19	+	−	−	+	−	−	−	3	1,3
20	+	+	+	−	−	−	−	3	1,3
21	+	+	+	−	−	−	−	3	1,3
22	+	−	+	−	−	−	−	3	1,3
23	+	−	+	−	+	−	−	5	1,3,5
24	+	−	+	−	+	+	−	5	1,3,5

定理2.1 当下面的条件成立时，

（i）$C_2 < 0$, $C_3 < 0$, $C_5 < 0$， （ii）$C_1 > 0$, $C_3 > 0$, $C_4 > 0$.

系统（2.1）有唯一的正平衡点。

上面的分析由方程（2.8）左侧$F(x)$的图象和系统（2.1）的x和y的等值线验证，

图2.2（a）（b）（c）是$F(x)$的图象，而图2.2（d）（e）（f）是x和y的等值线$f_1(x, y)=0$和$f_2(x, y)=0$的图象，对于参数$d_2=0.02$，$v_3=0.6$，$r_1=0.01$，$d_1=0.034$，$v_2=0.003$，$r_2=0.001$，$k_1=6$，$k_2=4$，$k_3=4$，$v_1=0.18$，求得$C_2=-0.1197<0$，$C_3=-0.1384<0$，$C_5=-0.000723<0$，满足定理2.1的条件（i），此时$F(x)=0$只有一个正根$x_*=0.3065$，如图2.2（a）（d）显示模型（2.1）有唯一的正平衡点。类似地，图2.2（b），对于参数$d_2=0.0025$，$v_3=0.985$，$r_1=0.021$，$d_1=0.004$，$v_2=0.01$，$r_2=0.0001$，$k_1=1.5$，$k_2=2$，$k_3=9$，$v_1=0.63$，求得$C_1=0.0057>0$，$C_3=0.1080>0$，$C_4=0.0024>0$，对应定理2.1的条件（ii），此时$F(x)=0$只有一个正的平衡点，$x_*=4.6140$，如图2.2（b），而图2.2（f）显示模型（2.1）有唯一的正平衡点。

此外，针对$d_2=0.03$，$r_1=0.011$，$d_1=0.034$，$v_2=0.01$，$r_2=0.001$，$k_1=2.4$，$k_2=2$，$k_3=4$，$v_1=0.18$，$v_3=0.55$，求得$C_1=-0.1585<0$，$C_2=0.0932>0$，$C_3=0.0173>0$，$C_4=-0.0107<0$，$C_5=-0.0018<0$，对应表2.1中的情形5，此时$F(x)=0$有三个根$x_*=0.6400$，1.0352，1.7665，如图2.2（c）、模型（2.1）有三个正平衡点见图2.2（f）。

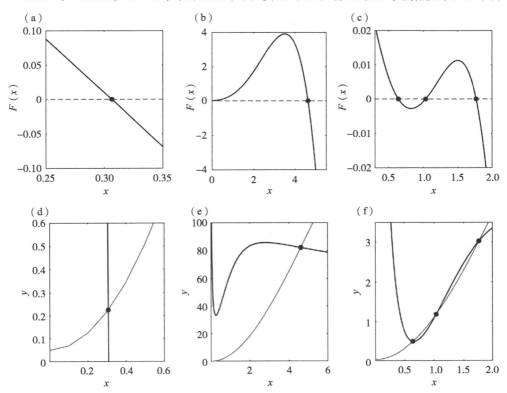

图2.2 **（a）—（c）中实线是 F（x）的图象，（d）—（f）中粗线和细线分别表示 x 和 y 的等值线，其中圆点表示平衡点**

系统（2.1）的正平衡点的存在条件在表2.1给出。进一步，正平衡点的稳定性在下面进行分析。

2.2.2 正平衡点的稳定性

为了调查系统（2.1）正平衡点的稳定性，计算系统（2.1）在 $E(x_*, y_*)$ 的雅可比矩阵如下，

$$
J(E) = \begin{pmatrix} \dfrac{2k_1^2 v_1 x_*}{(k_1^2 + x_*^2)^2} - \dfrac{k_2 v_2 y_*}{(k_2 + x_*)^2} - d_1 & -\dfrac{v_2 x_*}{k_2 + x_*} \\ \dfrac{2k_3^2 v_3 x_*}{(k_3^2 + x_*^2)^2} & -d_2 \end{pmatrix} \tag{2.9}
$$

相应地，系统（2.1）的特征方程是，

$$
\lambda^2 - tr(J)\lambda + det(J) = 0 \tag{2.10}
$$

雅可比矩阵 J 的迹 $tr(J)$ 和行列式 $det(J)$ 分别是，

$$
\begin{aligned}
tr(J) &= \frac{2k_1^2 v_1 x_*}{(k_1^2 + x_*^2)^2} - \frac{k_2 v_2 y_*}{(k_2 + x_*)^2} - d_1 - d_2, \\
det(J) &= \frac{k_2 v_2 d_2 y_*}{(k_2 + x_*)^2} - \frac{2k_1^2 v_1 d_2 x_*}{(k_1^2 + x_*^2)^2} + \frac{2k_3^2 v_2 v_3 x_*^2}{(k_2 + x_*)(k_3^2 + x_*^2)^2} + d_1 d_2.
\end{aligned} \tag{2.11}
$$

正平衡点 $E(x_*, y_*)$ 的局部稳定性由 $tr(J)$ 和 $det(J)$ 的符号决定。接下来我们首先研究 $det(J)$ 的符号，因为

$$
\begin{aligned}
det(J) &= \frac{k_2 v_2 d_2 y_*}{(k_2 + x_*)^2} - \frac{2k_1^2 v_1 d_2 x_*}{(k_1^2 + x_*^2)^2} + \frac{2k_3^2 v_2 v_3 x_*^2}{(k_2 + x_*)(k_3^2 + x_*^2)^2} + d_1 d_2 \\
&= -d_2 g'(x_*) = -d_2 \frac{F'(x_*)S(x_*) - F(x_*)S'(x_*)}{S^2(x_*)}.
\end{aligned} \tag{2.12}
$$

根据方程（2.8）中 $F(x_*) = 0$，我们得出，

$$
det(J) = -\frac{F'(x_*)}{(k_2 + x)(k_1^2 + x^2)(k_3^2 + x^2)}. \tag{2.13}
$$

我们看到，$det(J)$ 和 $F'(x_*)$ 的符号是相反的。因此，$F'(x_*)$ 和 $tr(J)$ 的符号决定了正平衡点 $E(x_*, y_*)$ 的稳定性，我们得到定理2.2。

定理2.2 正平衡点 $E(x_*, y_*)$ 在不同条件的稳定性由表2.2给出。

表2.2　正平衡点 $E(x_*, y_*)$ 的稳定性

条件		特征值	属性
$F'(x_*) < 0$	$tr(J) < 0$	$Re\lambda_1 < 0,\ Re\lambda_2 < 0$	渐近稳定
	$tr(J) = 0$	$\lambda_1 = -i\sqrt{det(J)},\ \lambda_2 = i\sqrt{det(J)}$	线性中心
	$tr(J) > 0$	$Re\lambda_1 > 0,\ Re\lambda_2 > 0$	不稳定
$F'(x_*) = 0$	$tr(J) < 0$	$\lambda_1 = tr(J) < 0,\ \lambda_2 = 0$	不稳定(非双曲)
	$tr(J) = 0$	$\lambda_1 = \lambda_2 = 0$	非双曲
	$tr(J) > 0$	$\lambda_1 = 0,\ \lambda_2 = tr(J) > 0$	不稳定(非双曲)
$F'(x_*) > 0$	$\forall tr(J)$	$\lambda_1\lambda_2 < 0$	不稳定(鞍点)

然而，由于 $F'(x_*)$ 和 $tr(J)$ 的表达式比较复杂，它们的符号不能明确决定。因此，我们在下面的分岔分析中给出一些数值例子来说明 $E(x_*, y_*)$ 的稳定性，平衡点 $E(x_*, y_*)$ 的稳定性可以由系统（2.1）的分岔而改变。因此，接下来我们探讨系统（2.1）中几个典型分岔发生的条件。

2.3　无时滞时 p53 基因调控网络的分岔分析

分岔可以改变系统平衡点的稳定性和数目。在本部分，我们分析系统（2.1）关于参数 v_3 产生余维1鞍结分岔和霍普夫分岔的条件以及关于参数 v_3 和 d_2 产生余维2 Bogdanov-Takens 分岔的条件。

2.3.1　鞍结分岔

首先，根据 Sotomayor 定理[30]，调查系统（2.1）关于参数 v_3 产生鞍结分岔的条件，并给出鞍结分岔值 $v_3 = v_3^{SN}$。

第一个条件是 $tr(J(E))|_{v_3=v_3^{SN}} \neq 0$ 和 $det(J(E))|_{v_3=v_3^{SN}} = 0$，根据方程（2.9）和（2.11），得到

(SN.1)
$$\frac{2k_1^2 v_1 x_*}{(k_1^2 + x_*^2)^2} - \frac{k_2 v_2 y_*}{(k_2 + x_*)^2} - d_1 - d_2 \neq 0,$$
$$v_3^{SN} = \frac{2k_1^2 v_1 d_2 x_*(k_2 + x_*)(k_3^2 + x_*^2)^2}{2k_3^2 v_2 x_*^2(k_1^2 + x_*^2)^2} - \frac{k_2 v_2 d_2 y_*(k_3^2 + x_*^2)^2}{2k_3^2 v_2 x_*^2(k_2 + x_*)} - \frac{d_1 d_2(k_2 + x_*)(k_3^2 + x_*^2)^2}{2k_3^2 v_2 x_*^2}$$

其次，为了获得横截性条件，矩阵 $J(E,\ v_3^{SN})$ 和 $J^T(E,\ v_3^{SN})$ 的特征值为 $\lambda = 0$ 的特征向量分别如下，

11

$$V = \begin{pmatrix} V_1 \\ V_2 \end{pmatrix} = \begin{pmatrix} \dfrac{d_2(k_3^2 + x_*^2)^2}{2k_3^2 v_3^{SN} x_*} \\ 1 \end{pmatrix}, \quad W = \begin{pmatrix} W_1 \\ W_2 \end{pmatrix} = \begin{pmatrix} -\dfrac{d_2(k_2 + x_*)}{v_2 x_*} \\ 1 \end{pmatrix}.$$

令 $f(x,\ y) = (f_1(x,\ y),\ f_2(x,\ y))^T$，

$$f_{v_3}\left(E; v_3^{SN}\right) = \begin{pmatrix} 0 \\ \dfrac{x_*^2}{k_3^2 + x_*^2} \end{pmatrix},$$

$$D^2 f\left(E; v_3^{SN}\right)(V, V) = \begin{pmatrix} \dfrac{\partial^2 f_1}{\partial x^2} V_1^2 + 2\dfrac{\partial^2 f_1}{\partial x \partial y} V_1 V_2 + \dfrac{\partial^2 f_1}{\partial^2 y} V_2^2 \\ \dfrac{\partial^2 f_2}{\partial x^2} V_1^2 + 2\dfrac{\partial^2 f_2}{\partial x \partial y} V_1 V_2 + \dfrac{\partial^2 f_2}{\partial^2 y} V_2^2 \end{pmatrix}_{(E; v_3^{SN})}$$

$$= \begin{pmatrix} \dfrac{d_2(k_3^2 + x_*^2)^2}{2k_3^2 v_3^{SN} x_*}\left[-\dfrac{2k_2 v_2}{(k_2 + x_*)^2} + \dfrac{d_2(k_3^2 + x_*^2)^2}{2k_3^2 v_3^{SN} x_*}\left(\dfrac{k_1^2 v_1(k_1^2 - 3x_*^2)}{(k_1^2 + x_*^2)^3} + \dfrac{k_2 v_2 y_*}{(k_2 + x_*)^3} \right) \right] \\ \dfrac{d_2^2(k_3^2 - 3x_*^2)(k_3^2 + x_*^2)}{4k_3^3 v_3^{SN} x_*^2} \end{pmatrix}.$$

显然，横截性条件是，

$$W^T f_{v_3}\left(E; v_3^{SN}\right) = \frac{x_*^2}{k_3^2 + x_*^2} \neq 0,$$

(SN.2) $\quad W^T\left[D^2 f\left(E; v_3^{SN}\right)(V, V) \right] = \dfrac{d_2^2(k_3^2 + x_*^2)^2}{2k_3^2 v_3^{SN} x_*^2}\left[\dfrac{2k_2}{(k_2 + x_*)} + \dfrac{(k_3^2 - 3x_*^2)}{2(k_3^2 + x_*^2)} - \right.$

$$\dfrac{d_2(k_3^2 + x_*^2)^2}{2k_3^2 v_3^{SN} x_*}\left(\dfrac{k_1^2 v_1(k_1^2 - 3x_*^2)(k_2 + x_*)}{v_2(k_1^2 + x_*^2)^3} + \dfrac{k_2 y_*}{(k_2 + x_*)^2} \right)\right] \neq 0.$$

因此，根据以上分析，我们得到定理2.3。

定理 2.3 如果条件（**SN.1**）和（**SN.2**）成立，当参数 v_3 穿过临界值 v_3^{SN} 时，系统（2.1）在正平衡点 $E(x_*, y_*)$ 经历鞍结分岔，其中

$$v_3^{SN} = \frac{2k_1^2 v_1 d_2 x_*(k_2 + x_*)(k_3^2 + x_*^2)^2}{2k_3^2 v_2 x_*^2(k_1^2 + x_*^2)^2} - \frac{k_2 v_2 d_2 y_*(k_3^2 + x_*^2)^2}{2k_3^2 v_2 x_*^2(k_2 + x_*)} - \frac{d_1 d_2(k_2 + x_*)(k_3^2 + x_*^2)^2}{2k_3^2 v_2 x_*^2}.$$

x 关于 v_3 的分岔图［图2.3（a）］和典型的 x 和 y 的相图［图2.3（b）—（f）］验证了定理2.3，其中 $v_1 = 0.18$，$v_2 = 0.01$，$d_1 = 0.034$，$d_2 = 0.03$，$r_1 = 0.011$，$r_2 = 0.001$，$k_1 = 2.4$，$k_2 = 2$，$k_3 = 4$。图2.3（a）中由稳定平衡点构成的实线和不稳定平衡点构成的虚线相交在两个鞍结分岔点 SN_1 和 SN_2。图2.3（b）—（f）中实线表示沿着箭头方向的轨线，实心和空心点分别表示稳定和不稳定的平衡点。

如图2.3（a）所示，当 v_3 分别穿过 $v_3^{SN_1} = 0.4606397$ 和 $v_3^{SN_2} = 0.5991365$ 时，系

统（2.1）分别在平衡点 $E_1(x_*,\ y_*)=(0.7593,\ 0.5674)$ 和 $E_2(x_*,\ y_*)=(1.3543,$ $2.0872)$ 经历鞍结分岔，其中 $tr(J(E_1,\ v_3^{SN_1}))=-0.0263\neq0$，$W^T[D^2f(E_1;\ v_3^{SN_1})$ $(V,\ V)]=0.0118\neq0$ 和 $tr(J(E_2,\ v_3^{SN_2}))=-0.0315\neq0$，$W^T[D^2f(E_2;\ v_3^{SN_2})(V,$ $V)]=0.0104\neq0$ 都满足定理 2.3 的所有条件。图 2.3（b）—（f）显示典型的 x 和 y 的相图，当 $v_3=0.45<v_3^{SN_1}$［图 2.3（b）］和 $v_3=0.61>v_3^{SN_2}$［图 2.3（f）］时，系统（2.1）只有一个平衡点，当 $v_3=v_3^{SN_1}$ 和 $v_3=v_3^{SN_2}$ 时，系统（2.1）有两个平衡点［图 2.3（c）（e）］，当 v_3 在 $v_3^{SN_1}$ 和 $v_3^{SN_2}$ 之间发生变化时，系统（2.1）有三个平衡点［图 2.3（d）］。

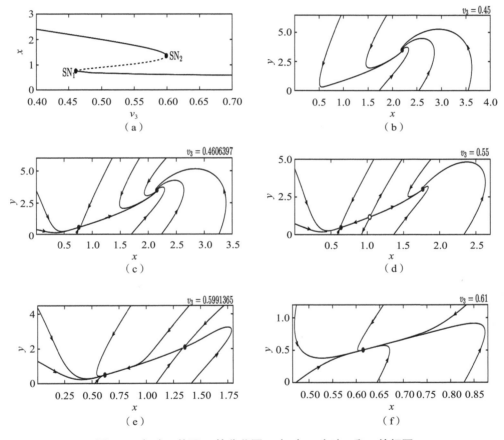

图 2.3　（a）x 关于 v_3 的分岔图，（b）—（f）x 和 y 的相图

进一步，图 2.3（b）—（f）的正平衡点 $E(x_*,\ y_*)$ 的稳定性和性质在表 2.3 给出，验证了表 2.2 中的三种情况。不稳定非双曲平衡点性质与表 2.2 的情况 4 一致，而不稳定鞍点的性质与表 2.2 的情况 7 一致。其他平衡点是渐进稳定结点，对应表 2.2 中的情况 1。

表 2.3　图 2.3 中正平衡点 $E(x_*, y_*)$ 的性质

v_3	$E_i(x_*, y_*)$	$F'(x_*)$	$tr(J)$	稳定性	相图
0.45	(2.1967, 3.5089)	−0.2792	−0.0273	渐进稳定	图2.3(b)
0.4606397	(0.7593, 0.5674)	0	−0.0263	非双曲(鞍结点)	图2.3(c)
	(2.1538, 3.4845)	−0.2573	−0.0267	渐进稳定	图2.3(c)
0.55	(0.6400, 0.4910)	−0.03146	−0.0305	渐进稳定	图2.3(d)
	(1.0352, 1.1842)	0.0246	−0.0206	不稳定的鞍点	图2.3(d)
	(1.7665, 3.0254)	−0.0981	−0.0218	渐进稳定	图2.3(d)
0.5991365	(0.6186, 0.4999)	−0.0391	−0.0315	渐进稳定	图2.3(e)
	(1.3543, 2.0872)	0	−0.0190	非双曲(鞍结点)	图2.3(e)
0.61	(0.6147, 0.5025)	−0.0405	−0.0316	渐进稳定	图2.3(f)

2.3.2　霍普夫分岔

在本部分，我们得出在一定参数范围内系统（2.1）发生霍普夫分岔的条件。以参数 v_3 为分岔参数，确定霍普夫分岔值 v_3^{HB}，在 $v_3 = v_3^{HB}$ 时，得出系统（2.1）在正平衡点 $E(x_*, y_*)$ 发生霍普夫分岔的条件。

第一个条件是雅可比矩阵 $J(E, v_3^{HB})$ 有一对纯虚数的特征值，即 $tr(J(E, v_3^{HB})) = 0$ 和 $det(J(E, v_3^{HB})) > 0$，对应，

(HB.1)
$$v_3^{HB} = -\frac{d_2(d_1 + d_2)(k_2 + x_*)^2(k_3^2 + x_*^2)}{k_2 v_2 x_*^2} + \frac{2d_2 k_1^2 v_1 x_* (k_2 + x_*)^2 (k_3^2 + x_*^2)}{k_2 v_2 x_*^2 (k_1^2 + x_*^2)^2} - \frac{r_2(k_3^2 + x_*^2)}{x_*^2},$$
$$和 \quad F'(x_*, v_3^{HB}) < 0.$$

此外，通过非退化的霍普夫分岔使得正平衡点稳定性改变的横截性条件是

$$\frac{dRe(\lambda_i)}{dv_3}\Big|_{v_3 = v_3^{HB}} \neq 0, \quad 即,$$

(HB.2)
$$\frac{dtr(J(E))}{dv_3}\Big|_{v_3 = v_3^{HB}} = \frac{x_*^3(k_1^2 v_2 + v_3 x_*^2)}{F'(x_*)}\left[\frac{2k_1^4 v_1 - 6k_1^2 v_1 x_*^2}{(k_1^2 + x_*^2)^3} + \frac{k_2 r_2 v_2}{d_2(k_2 + x_*)^2} + \frac{k_2 v_2 v_3(k_3^2 + 3x_*^2 + 2x_* k_2)}{d_2(k_3^2 + x_*^2)^2(k_2 + x_*)^2}\right] - \frac{k_2 v_2 x_*^2}{d_2(k_3^2 + x_*^2)(k_2 + x_*)^2} \neq 0.$$

最后，为了分析极限环的稳定性，计算在平衡点 $E(x_*, y_*)$ 的第一李雅普诺夫数 Γ。做变换 $X = x - x_*$，$Y = y - y_*$，系统（2.1）变成，

$$\begin{cases} \dfrac{dX}{dt} = a_{10}X + a_{01}Y + a_{20}X^2 + a_{11}XY + a_{02}Y^2 + a_{30}X^3 + a_{21}X^2Y + a_{12}XY^2 + a_{03}Y^3 + Q_1(|X, Y|^4), \\ \dfrac{dY}{dt} = b_{10}X + b_{01}Y + b_{20}X^2 + b_{11}XY + b_{02}Y^2 + b_{30}X^3 + b_{21}X^2Y + b_{12}XY^2 + b_{03}Y^3 + Q_2(|X, Y|^4), \end{cases}$$

其中，

$$a_{10} = \frac{2k_1^2 v_1 x_*}{(k_1^2+x_*^2)^2} - \frac{k_2 v_2 y_*}{(k_2+x_*)^2} - d_1,\ a_{01} = -\frac{v_2 x_*}{k_2+x_*},\ a_{20} = \frac{k_1^2 v_1(k_1^2-3x_*^2)}{(k_1^2+x_*^2)^3} + \frac{k_2 v_2 y_*}{(k_2+x_*)^3},$$

$$a_{30} = -\frac{4k_1^2 v_1 x_*(k_1^2-x_*^2)}{(k_1^2+x_*^2)^4} - \frac{k_2 v_2}{(k_2+x_*)^2},\ a_{11} = -\frac{k_2 v_2}{(k_2+x_*)^2},\ a_{21} = \frac{k_2 v_2}{(k_2+x_*)^3},$$

$$b_{10} = \frac{2k_3^2 v_3 x_*}{(k_3^2+x_*^2)^2},\ b_{01} = -d_2,\ b_{20} = \frac{k_3^2 v_3(k_3^2-3x_*^2)}{(k_3^2+x_*^2)^3},\ b_{30} = -\frac{4k_3^2 v_3 x_*(k_3^2-x_*^2)}{(k_3^2+x_*^2)^4},$$

$$a_{02} = a_{12} = a_{03} = b_{02} = b_{11} = b_{03} = b_{12} = b_{21} = b_{03} = 0.$$

根据文献 [31] 中的公式，第一李雅普诺夫数 Γ 如下，

(HB.3) $\quad \Gamma = -\frac{3}{2a_{01}\Phi^{\frac{3}{2}}}[a_{10}b_{10}a_{11}^2 - 2a_{10}a_{01}a_{20}^2 - 2a_{01}^2 a_{20}b_{20} - (a_{01}b_{10}-2a_{10}^2)a_{11}a_{20} +$

$\qquad\qquad (3a_{01}a_{30}-2a_{10}a_{21})(a_{10}^2+a_{01}b_{10})],$

其中 $\Phi = a_{10}b_{01} - a_{01}b_{10}$。

因此，我们得到定理 2.4。

定理 2.4　当条件（**HB.1**）—（**HB.2**）成立时，系统（2.1）在 $v_3=v_3^{HB}$ 处发生霍普夫分岔。当条件（**HB.3**）中 $\Gamma<0$ 时发生超临界霍普夫分岔；当 $\Gamma>0$ 时，发生亚临界霍普夫分岔。其中，

$$v_3^{HB} = -\frac{d_2(d_1+d_2)(k_2+x_*)^2(k_3^2+x_*^2)}{k_2 v_2 x_*^2} + \frac{2d_2 k_1^2 v_1 x_*(k_2+x_*)^2(k_3^2+x_*^2)}{k_2 v_2 x_*^2(k_1^2+x_*^2)^2} - \frac{r_2(k_3^2+x_*^2)}{x_*^2}.$$

由于第一李雅普诺夫数 Γ 的符号不能直接确定，我们将通过数值模拟给出系统（2.1）发生霍普夫分岔的例子来验证定理 2.4 的正确性。

图 2.4（a）（b）显示了 x 关于 v_3 的分岔图，包括两个超临界霍普夫分岔点 HB_{sup1}，HB_{sup2} 和一个亚临界霍普夫分岔点 HB_{sub}。图中实线和虚线分别表示稳定和不稳定的平衡点，而竖线表示极限环，由 HB_{sup1} 和 HB_{sup2} 分岔出稳定极限环，由 HB_{sub} 分岔出不稳定极限环。图 2.4（c）（d）表示 x 和 y 的相图，带有箭头的线表示轨线，实心点和空心点表示平衡点。

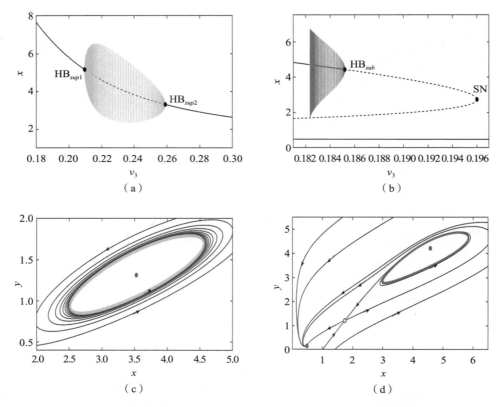

图 2.4 （a）（b）x 关于 v_3 的分岔图，（c）（d）x 和 y 的相图

在 $v_1 = 0.8153$，$v_2 = 0.2$，$d_1 = 0.015$，$d_2 = 0.04$，$r_1 = 0.03$，$r_2 = 0.002$，$k_1 = 7$，$k_2 = 3$，$k_3 = 7$ 时，图 2.4（a）上的 HB_{sup1} 点，对应 $v_3^{HB} = 0.2096$，$E(x_*, y_*) = (5.1628, 1.8957)$，$F'(x_*) = -34.7231 < 0$，$\dfrac{\mathrm{d}tr(J(E))}{\mathrm{d}v_3} = 0.1612 > 0$，满足定理 2.4 的条件，且 $\Gamma = -0.1455 < 0$，故在 $v_3^{HB} = 0.2096$ 处发生超临界霍普夫分岔，产生一个稳定的极限环。类似地，在 HB_{sup2} 点，因为 $v_3^{HB} = 0.2589$，$E(x_*, y_*) = (3.3111, 1.2332)$，$F'(x_*) = -19.3163 < 0$，$\dfrac{\mathrm{d}tr(J(E))}{\mathrm{d}v_3} = -0.2941 < 0$ 和 $\Gamma = -0.9058 < 0$，故在 $v_3^{HB} = 0.2589$ 处发生超临界霍普夫分岔。对于 HB_{sup1} 和 HB_{sup2} 之间的 $v_3 = 0.25$，相图 2.4（c）显示一个稳定极限环围绕一个不稳定平衡点。

在 $v_1 = 0.63$，$v_2 = 0.06$，$v_3 = 0.1838$，$d_1 = 0.034$，$d_2 = 0.025$，$r_1 = 0.011$，$r_2 = 0.001$，$k_1 = 4.5$，$k_2 = 2$，$k_3 = 4$ 时，图 2.4（b）显示一个亚临界霍普夫分岔点 HB_{sub}，此时 $v_3^{HB} = 0.1852$，$E(x_*, y_*) = (4.4394, 4.1289)$，$F'(x_*) = -2.1014 < 0$，$\dfrac{\mathrm{d}tr(J(E))}{\mathrm{d}v_3} = 2.7028 > 0$ 和 $\Gamma = 0.4856 > 0$，满足定理 2.4 的条件。图 2.4（d）在 $v_3 = 0.1838$ 的 x 和 y 的相图显示一

个不稳定极限环围绕一个稳定的焦点，同时与一个鞍点和一个结点共存。

2.3.3　Bogdanov – Takens 分岔

除了余维 1 的鞍结分岔和霍普夫分岔，系统（2.1）可能在正平衡点 $E(x_*, y_*)$ 经历余维 2 的 Bogdanov - Takens 分岔。我们把 v_3 和 d_2 当作分岔参数来分析 Bogdanov - Takens 分岔产生的条件。

令 v_3^{BT} 和 d_2^{BT} 是 v_3 和 d_2 的两个临界值，满足

$$det(J(E))\Big|_{(v_3,d_2)=(v_3^{BT},d_2^{BT})} = 0 \text{ 和 } tr(J(E))\Big|_{(v_3,d_2)=(v_3^{BT},d_2^{BT})} = 0.$$

令 $v_3 = v_3^{BT} + \mu_1$ 和 $d_2 = d_2^{BT} + \mu_2$ 其中 μ_1 和 μ_2 在（0，0）的邻域里，那么系统（2.1）变成

$$\begin{cases} \dfrac{\mathrm{d}x}{\mathrm{d}t} = r_1 + u_2\dfrac{x^2}{k_1^2+x^2} - v_2y\dfrac{x}{k_2+x} - d_1x, \\ \dfrac{\mathrm{d}y}{\mathrm{d}t} = r_2 + (v_3^{BT}+\mu_1)\dfrac{x^2}{k_3^2+x^2} - (d_2^{BT}+\mu_2)y. \end{cases} \quad (2.14)$$

令 $z_1 = x - x_*$ 和 $z_2 = y - y_*$，平衡点 $E(x_*, y_*)$ 移到原点（0，0），系统（2.14）变成

$$\begin{cases} \dot{z}_1 = a_{10}(\mu)z_1 + a_{01}(\mu)z_2 + a_{20}(\mu)z_1^2 + a_{11}(\mu)z_1z_2 + R_1(z,\mu), \\ \dot{z}_2 = b_{00}(\mu) + b_{10}(\mu)z_1 + b_{01}(\mu)z_2 + b_{20}(\mu)z_1^2 + R_2(z,\mu), \end{cases} \quad (2.15)$$

其中，

$$a_{10}(\mu) = \frac{2k_1^2v_1x_*}{(k_1^2+x_*^2)^2} - \frac{k_2v_2y_*}{(k_2+x_*)^2} - d_1, \; a_{01}(\mu) = -\frac{v_2x_*}{k_2+x_*}, \; a_{20}(\mu) = \frac{k_1^2v_1(k_1^2-3x_*^2)}{(k_1^2+x_*^2)^3} + \frac{k_2v_2y_*}{(k_2+x_*)^3},$$

$$a_{11}(\mu) = -\frac{k_2v_2}{(k_2+x_*)^2}, \; b_{00}(\mu) = r_2 + (v_3+\mu_1)\frac{x_*^2}{k_3^2+x^2} - (d_2+\mu_2)y_*, \; b_{10}(\mu) = \frac{2k_3^2(v_3^{BT}+\mu_1)x_*}{(k_3^2+x_*^2)^2},$$

$$b_{01}(\mu) = -(d_2^{BT}+\mu_2), \; b_{20}(\mu) = \frac{k_3^2(v_3^{BT}+\mu_1)(k_3^2-3x_*^2)}{(k_3^2+x_*^2)^3},$$

和 $z = (z_1, z_2)^T$，$\mu = (\mu_1, \mu_2)^T$。$R_i(z, \mu) = O(\|z\|^3)$（$i=1, 2$）是关于 z_1, z_2 的阶数大于 3 的幂级数。$R_i(z, \mu)$（$i=1, 2$）的系数和 a_{ij}，b_{ij} 光滑地依赖 μ_1 和 μ_2。根据 $b_{00}(0)=0$，在 $\mu_1=0$ 和 $\mu_2=0$ 时，我们将系统（2.15）写成如下形式，

$$\frac{\mathrm{d}z}{\mathrm{d}t} = J_0z + F(z),$$

其中，

$$\textbf{(BT.1)} \qquad J_0 = \begin{pmatrix} a_{10}(0) & a_{01}(0) \\ b_{10}(0) & b_{01}(0) \end{pmatrix} \neq \mathbf{0},$$

$$F(z) = \begin{pmatrix} a_{20}(\mu)z_1^2 + a_{11}(\mu)z_1z_2 + R_1(z,\mu) \\ b_{20}(\mu)z_1^2 + R_2(z,\mu) \end{pmatrix}.$$

令 $a_{10}(0) = a_{10}$，$a_{01}(0) = a_{01}$，$b_{10}(0) = b_{10}$ 和 $b_{01}(0) = b_{01}$，因为 J_0 有两个零特征值，我们得到 $a_{10} + b_{01} = 0$ 和 $a_{10}b_{01} = a_{01}b_{10}$。那么，我们选择 $\alpha_0 = \left(1, -\frac{a_{10}}{a_{01}}\right)^T$，$\alpha_1 = \left(0, \frac{1}{a_{01}}\right)^T$ 和 $\beta_0 = (1, 0)^T$，$\beta_1 = (a_{10}, a_{01})^T$ 分别作为 J_0 和 J_0^T 的零特征值的特征向量和一般特征向量，满足 $\langle \alpha_0, \beta_0 \rangle = \langle \alpha_1, \beta_1 \rangle = 1$ 和 $\langle \alpha_1, \beta_0 \rangle = \langle \alpha_0, \beta_1 \rangle = 0$。线性无关的向量 α_0 和 α_1，形成了 $\mathbb{R}^2$ 的一组基。因此，我们做下面的变换，

$$z = \gamma_1\alpha_0 + \gamma_2\alpha_1,$$

即 $\gamma_1 = z_1$，$\gamma_2 = a_{10}z_1 + a_{01}z_2$。那么系统（2.15）变成

$$\begin{cases} \dot{\gamma}_1 = \gamma_2 + c_{20}(\mu)\gamma_1^2 + c_{11}(\mu)\gamma_1\gamma_2 + R_3(\gamma,\mu), \\ \dot{\gamma}_2 = d_{00}(\mu) + d_{10}(\mu)\gamma_1 + d_{01}(\mu)\gamma_2 + d_{20}(\mu)\gamma_1^2 + d_{11}(\mu)\gamma_1\gamma_2 + R_4(\gamma,\mu), \end{cases} \tag{2.16}$$

其中，

$$c_{20}(\mu) = a_{20}(\mu) - \frac{a_{10}a_{11}(\mu)}{a_{01}}, \ c_{11}(\mu) = \frac{a_{11}(\mu)}{a_{01}}, \ d_{00}(\mu) = a_{01}b_{00}(\mu),$$

$$d_{10}(\mu) = a_{01}b_{10}(\mu) - a_{10}b_{01}(\mu), d_{01}(\mu) = a_{10} + b_{01}(\mu),$$

$$d_{20}(\mu) = a_{10}a_{20}(\mu) - \frac{a_{10}^2 a_{11}(\mu)}{a_{01}} + a_{01}b_{20}(\mu), \ d_{11}(\mu) = \frac{a_{10}a_{11}(\mu)}{a_{01}},$$

和 $R_{3,4}(\gamma,\mu) = O(\|\gamma\|^3)$ ($\gamma = (\gamma_1, \gamma_2)^T$)。因为 $a_{10} + b_{01} = 0$ 和 $a_{10}b_{01} = a_{01}b_{10}$，我们获得 $d_{00}(0) = d_{10}(0) = d_{01}(0) = 0$。

接下来，做变换 $\eta_1 = \gamma_1$，$\eta_2 = \gamma_2 + c_{20}(\mu)\gamma_1^2 + c_{11}(\mu)\gamma_1\gamma_2 + R_3(\gamma,\mu)$，系统（2.16）变成

$$\begin{cases} \dot{\eta}_1 = \eta_2, \\ \dot{\eta}_2 = e_{00}(\mu) + e_{10}(\mu)\eta_1 + e_{01}(\mu)\eta_2 + e_{20}(\mu)\eta_1^2 + e_{11}(\mu)\eta_1\eta_2 + e_{02}(\mu)\eta_2^2 + R_5(\eta,\mu), \end{cases} \tag{2.17}$$

其中，

$$e_{00}(\mu) = d_{00}(\mu), \ e_{10}(\mu) = d_{10}(\mu) + c_{11}(\mu)d_{00}(\mu), \ e_{01}(\mu) = d_{01}(\mu), \ e_{02}(\mu) = c_{11}(\mu),$$

$$e_{20}(\mu) = d_{20}(\mu) + c_{11}(\mu)d_{10}(\mu) - c_{20}(\mu)d_{01}(\mu), \ e_{11}(\mu) = d_{11}(\mu) + 2c_{20}(\mu),$$

和 $R_5(\eta,\mu) = O(\|\eta\|^3)$，$\eta = (\eta_1, \eta_2)^T$。进而我们有，

$e_{00}(0) = e_{10}(0) = e_{01}(0) = 0$，$e_{20}(0) = d_{20}(0)$，$e_{11}(0) = d_{11}(0) + 2c_{20}(0)$，$e_{02}(0) = c_{11}(0)$。

同时我们假设

$$\textbf{(BT.2)} \quad e_{11}(0) = d_{11}(0) + 2c_{20}(0) \neq 0,$$

那么做坐标变换 $\eta_1 = \omega_1 + \xi(\mu)$，$\eta_2 = \omega_2$，其中 $\xi(\mu) \approx -\dfrac{e_{01}(\mu)}{e_{11}(0)}$，系统（2.17）简化为

$$\begin{cases} \dot{\omega}_1 = \omega_2, \\ \dot{\omega}_2 = f_{00}(\mu) + f_{10}(\mu)\omega_1 + f_{20}(\mu)\omega_1^2 + f_{11}(\mu)\omega_1\omega_2 + f_{02}(\mu)\omega_2^2 + R_6(\omega,\mu), \end{cases} \tag{2.18}$$

其中，

$$f_{00}(\mu) = e_{00}(\mu) + e_{10}(\mu)\xi(\mu) + \cdots, \quad f_{10}(\mu) = e_{10}(\mu) + 2e_{20}(\mu)\xi(\mu) + \cdots, \quad f_{02}(\mu) = e_{02} + \xi(\mu) + \cdots, $$
$$f_{11}(\mu) = e_{11}(\mu) + 2\xi(\mu) + \cdots, \quad f_{20}(\mu) = e_{20}(\mu) + 3\xi(\mu) + \cdots, \tag{2.19}$$

和 $R_6(\omega,\mu) = O(\|\omega\|^3)$（$\omega = (\omega_1, \omega_2)^T$）。

接下来，引入一个新的时间变量 τ_1，$\mathrm{d}t = (1 + \theta(\mu)\omega_1)\mathrm{d}\tau_1$，$\theta(\mu) = -f_{02}(\mu)$，系统（2.18）变成

$$\begin{cases} \dot{\omega}_1 = \omega_2, \\ \dot{\omega}_2 = h_{00}(\mu) + h_{10}(\mu)\omega_1 + h_{20}(\mu)\omega_1^2 + h_{11}(\mu)\omega_1\omega_2 + R_7(\omega,\mu), \end{cases} \tag{2.20}$$

其中，

$$h_{00}(\mu) = f_{00}(\mu), \quad h_{10}(\mu) = f_{10}(\mu) - 2f_{00}(\mu)f_{02}(\mu),$$

$$h_{20}(\mu) = f_{20}(\mu) - 2f_{10}(\mu)f_{02}(\mu) + f_{00}(\mu)f_{02}(\mu)^2, \quad h_{11}(\mu) = f_{11}(\mu),$$

和 $R_7(\omega,\mu) = O(\|\omega\|^3)$。

如果下面的条件成立

$$\textbf{(BT.3)} \quad h_{20}(0) = d_{20}(0) \neq 0,$$

那么，我们引入一个新的变量 $\tau_2 = \left|\dfrac{h_{20}(\mu)}{h_{11}(\mu)}\right|\tau_1$，$y_1 = \dfrac{h_{11}^2(\mu)}{h_{20}(\mu)}\omega_1$，$y_2 = \mathrm{sign}\left(\dfrac{h_{20}(\mu)}{h_{11}(\mu)}\right)\dfrac{h_{11}^3(\mu)}{h_{20}^2(\mu)}\omega_2$，系统（2.20）变成

$$\begin{cases} \dot{y}_1 = y_2, \\ \dot{y}_2 = m_{00}(\mu) + m_{10}(\mu)y_1 + y_1^2 + sy_1y_2 + R_8(y,\mu), \end{cases} \tag{2.21}$$

其中，

$$m_{00}(\mu) = \frac{h_{11}^4(\mu)}{h_{20}^3(\mu)}h_{00}(\mu), \quad m_{10}(\mu) = \frac{h_{11}^2(\mu)}{h_{20}^2(\mu)}h_{10}(\mu), \tag{2.22}$$

$$s = \text{sign}\left(\frac{h_{20}(\mu)}{h_{11}(\mu)}\right) = \text{sign}\left(\frac{h_{20}(0)}{h_{11}(0)}\right) = \text{sign}\left(\frac{e_{20}(0)}{e_{11}(0)}\right) = \pm 1,$$

和 $R_8(y, \mu) = O(\|y\|^3)$，$y = (y_1, y_2)^T$。

如果下面的横截性条件成立，

$$\textbf{(BT.4)} \quad det\left(\frac{\partial(m_{00}, m_{10})}{\partial(\mu_1, \mu_2)}\right)_{\mu_1 = \mu_2 = 0} \neq 0,$$

根据文献[32]的结果，当 $\mu = (\mu_1, \mu_2)$ 在（0，0）的小邻域时，系统（2.14）经历 Bogdanov - Takens 分岔。根据上面的讨论，我们得到定理2.5。

定理 2.5 当条件（**BT.1**）—（**BT.4**）成立，且 (v_3, d_2) 在 (v_3^{BT}, d_2^{BT}) 附近变化，系统（2.1）在正平衡点 $E(x_*, y_*)$ 经历余维2的 Bogdanov - Takens 分岔，分岔曲线的局部表达式如下，

（i）鞍结分岔曲线 $SN = \{(\mu_1, \mu_2) \mid 4m_{00} - m_{10}^2 = 0\}$；

（ii）霍普夫分岔曲线 $H = \{(\mu_1, \mu_2) \mid m_{00} = 0, \ m_{10} < 0\}$；

（iii）同宿分岔曲线 $HL = \{(\mu_1, \mu_2) \mid m_{00} = -\frac{6}{25}m_{10}^2 + O(m_{10}^2), \ m_{10} < 0\}$.

图2.5中的 x 关于 v_3 和 d_2 的双参数分岔图和图2.6中 x 和 y 的相图验证了定理2.5，其中 $r_1 = 0.011$，$r_2 = 0.001$，$v_1 = 0.63$，$v_2 = 0.06$，$k_1 = 4.5$，$k_2 = 2$，$k_3 = 4$ 和 $d_1 = 0.034$。

图2.5（a）显示系统（2.1）在 $(v_3, d_2) = (0.3419136, 0.04331208)$ 经历 Bogdanov - Takens 分岔，从此处分岔出黑色实线的鞍结分岔，灰色实线的霍普夫分岔和虚线的同宿分岔。其中，定理2.5中的条件（**BT.1**）—（**BT.4**）如下，

$$J_0 = \begin{pmatrix} 0.043312 & -0.034413 \\ 0.054513 & -0.043312 \end{pmatrix} \neq \textbf{0}$$

$$\left|\frac{\partial(m_{00}, m_{10})}{\partial(\mu_1, \mu_2)}\right|_{\mu_1 = \mu_2 = 0} = \begin{vmatrix} 0.009438 & 0.563671 \\ -0.163326 & 5.187334 \end{vmatrix} = 0.141019 \neq 0,$$

$e_{11}(0) = -0.002882 \neq 0$, $h_{20}(0) = d_{20}(0) = -0.000125 \neq 0$, and $s = sign(0.042991) = +1$。

分岔曲线的局部表达式如下，

（i）鞍结分岔曲线 SN

$$\{(\mu_1, \mu_2) \mid 0.0000002763620326\mu_1 - 0.000002097660245\mu_2 +$$
$$0.000003702622789\mu_1^2 + 2.500675014\mu_1\mu_2 - 20.19183593\mu_2^2 = 0\};$$

（ii）霍普夫分岔曲线 H

$$\{(\mu_1, \mu_2)|\ 0.000003273285777\mu_1 - 0.00002645487898\mu_2 +$$

$$3.14829075\mu_1\mu_2 - 25.22103078\mu_2^2 = 0,\ m_{10} < 0\};$$

（iii）同宿分岔曲线 HL

$$\{(\mu_1, \mu_2)|\ 0.000000690907144\mu_1 - 0.000006244213952\mu_2 -$$

$$0.000005734914096\mu_1^2 + 6.251472238\mu_1\mu_2 - 50.47629929\mu_2^2 = 0,\ m_{10} < 0\}.$$

图 2.5（b）表示（μ_1, μ_2）参数平面的 SN, H 和 HL 曲线，图中原点（0，0）对应图 2.5（a）中的 BT 点。这些曲线把（μ_1, μ_2）平面原点（0，0）的小邻域分成四部分，每部分 x 和 y 的相图（见图 2.6），其中带箭头的实线表示轨线，实心和空心点分别表示稳定和不稳定平衡点，图 2.6（c）—（f）的插图是 [0, 2.2] 部分的放大。

（a）对于（μ_1, μ_2）=（0，0），系统（2.1）有余维 2 Bogdanov - Takens 分岔点 E_2^{BT} 的尖点和另一个稳定的结点 ［图 2.6（a）］。

（b）当（μ_1, μ_2）在区域Ⅰ内变化时，系统（2.1）有一个稳定的结点 ［图 2.6（b）］。

（c）当（μ_1, μ_2）从区域Ⅰ通过曲线 SN 的分支 SN^- 进入区域Ⅱ时，一个鞍点和一个不稳定焦点与另一个稳定结点共存 ［图 2.6（c）］。

（d）当（μ_1, μ_2）穿过亚临界霍普夫曲线 H 进入区域Ⅲ时，不稳定焦点变成稳定的，同时被一个不稳定极限环包围 ［图 2.6（d）］。

（e）当（μ_1, μ_2）在曲线 HL 上时，一个同宿轨产生 ［图 2.6（e）］。

（f）当（μ_1, μ_2）穿过曲线 HL 进入区域Ⅳ时，不稳定极限环消失，只剩下三个稳定平衡点 ［图 2.6（f）］。

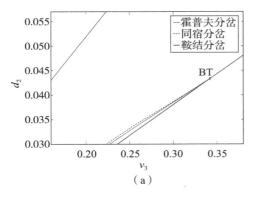
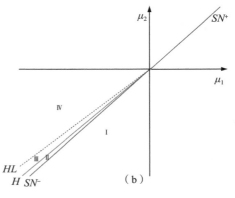

图 2.5　（a）x 关于 v_3 和 d_2 的双参数分岔，（b）x 关于扰动参数 μ_1 和 μ_2 的分岔图 ［（b）中的原点对应（a）中的 BT 点 ］

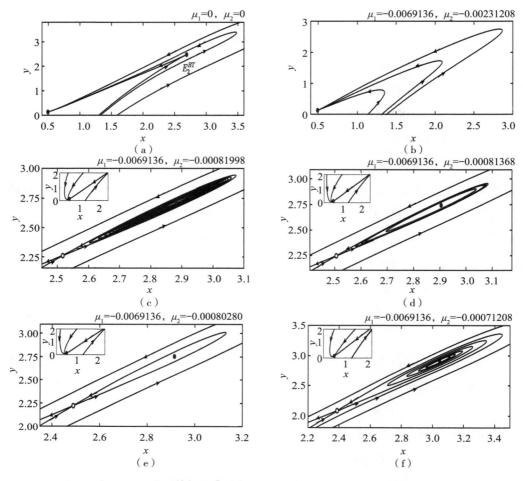

图 2.6　x 和 y 的相图［对应图 2.5（b）中典型（μ_1，μ_2）值］

2.4　时滞引起的霍普夫分岔分析

在本部分，我们将调查时滞对系统（2.1）中正平衡点 $E(x_*, y_*)$ 稳定性的影响。系统（2.1）在正平衡点 $E(x_*, y_*)$ 线性化为，

$$\begin{pmatrix} \dot{x}(t) \\ \dot{y}(t) \end{pmatrix} = \begin{pmatrix} p_{11} & 0 \\ 0 & p_{22} \end{pmatrix} \begin{pmatrix} x(t) \\ y(t) \end{pmatrix} + \begin{pmatrix} 0 & p_{12} \\ 0 & 0 \end{pmatrix} \begin{pmatrix} x(t-\tau_1) \\ y(t-\tau_1) \end{pmatrix} + \begin{pmatrix} 0 & 0 \\ p_{21} & 0 \end{pmatrix} \begin{pmatrix} x(t-\tau_2) \\ y(t-\tau_2) \end{pmatrix} \quad (2.23)$$

其中，

$$p_{11} = \frac{2k_1^2 v_1 x_*}{(k_1^2 + x_*^2)^2} - d_1, \; p_{12} = -\frac{v_2 x_*}{k_2 + x_*},$$
$$p_{21} = \frac{2k_3^2 v_3 x^*}{(k_3^2 + x_*^2)^2}, \; p_{22} = -d_2. \tag{2.24}$$

线性系统（2.23）的特征方程是，
$$\lambda^2 - (p_{11} + p_{22})\lambda + p_{11}p_{22} - p_{12}p_{21}e^{-\lambda(\tau_1+\tau_2)} = 0. \tag{2.25}$$
假设 $\lambda = i\omega\,(\omega > 0)$ 是方程（2.25）的根和 $\tau = \tau_1 + \tau_2$，我们得到下面的方程，
$$\omega^2 + (p_{11} + p_{22})i\omega - p_{11}p_{22} + p_{12}p_{21}(\cos\omega\tau - i\sin\omega\tau) = 0. \tag{2.26}$$
分离方程（2.26）的实部和虚部，得到
$$\begin{cases} p_{12}p_{21}\cos(\omega\tau) + \omega^2 - p_{11}p_{22} = 0, \\ p_{12}p_{21}\sin(\omega\tau) - (p_{11} + p_{22})\omega = 0. \end{cases} \tag{2.27}$$
这样，$\cos(\omega\tau)$ 和 $\sin(\omega\tau)$ 是如下形式，
$$\begin{cases} \cos(\omega\tau) = \frac{p_{11}p_{22} - \omega^2}{p_{12}p_{21}}, \\ \sin(\omega\tau) = \frac{(p_{11} + p_{22})}{p_{12}p_{21}}\omega, \end{cases} \tag{2.28}$$
因此，
$$\omega^4 + (p_{11}^2 + p_{22}^2)\omega^2 + (p_{22}p_{11})^2 - (p_{12}p_{21})^2 = 0. \tag{2.29}$$
方程（2.29）的行列式是，
$$\begin{aligned} \Delta_\omega &= \left(p_{11}^2 + p_{22}^2\right)^2 - 4\left((p_{22}p_{11})^2 - (p_{12}p_{21})^2\right) \\ &= \left(p_{11}^2 - p_{22}^2\right)^2 + 4(p_{12}p_{21})^2 > 0. \end{aligned} \tag{2.30}$$

因此，方程（2.29）有两个不同的根 ω_1^2 和 ω_2^2，且 $\omega_1^2 + \omega_2^2 = -(p_{11}^2 + p_{22}^2) < 0$，$\omega_1^2\omega_2^2 = (p_{22}p_{11})^2 - (p_{12}p_{21})^2$。因此，如果 $(p_{22}p_{11})^2 - (p_{12}p_{21})^2 < 0$，方程（2.29）有纯虚根 $i\omega_0$，
$$\omega_0 = \sqrt{\frac{-(p_{11}^2 + p_{22}^2) + \sqrt{\Delta_\omega}}{2}}. \tag{2.31}$$

那么，根据方程（2.28），τ 的临界值形式如下，
$$\tau_0^{(j)} = \frac{1}{\omega_0}\arccos(\frac{p_{11}p_{22} - \omega_0^2}{p_{12}p_{21}}) + \frac{2j\pi}{\omega_0}, \; j = 0, 1, 2, \cdots \tag{2.32}$$
令
$$\tau_0 = min\{\tau_0^{(j)} \big| j = 0, 1, 2, \cdots\}. \tag{2.33}$$
接下来，我们将验证横截性条件，

$$sign\left\{\left[\frac{d\mathrm{Re}(\lambda(\tau))}{d\tau}\right]\bigg|_{\tau=\tau_0}\right\}\neq 0.$$

对（2.25）两边对τ进行求导，得到

$$\left(\frac{d\lambda(\tau)}{d\tau}\right)^{-1}=-\frac{(2\lambda-(p_{11}+p_{22}))e^{\lambda\tau}}{p_{12}p_{21}\lambda}-\frac{\tau}{\lambda}.$$

在$\tau=\tau_0$时，我们得到，

$$\begin{aligned}
\mathrm{Re}\left(\frac{d\lambda}{d\tau}\right)^{-1}&=\mathrm{Re}\left\{-\frac{(2\lambda-(p_{11}+p_{22}))e^{\lambda\tau}}{p_{12}p_{21}\lambda}-\frac{\tau}{\lambda}\right\}\\
&=\mathrm{Re}\left\{\frac{(p_{11}+p_{22})\cos\omega_0\tau_0+2\omega_0\sin\omega_0\tau_0+i((p_{11}+p_{22})\sin\omega_0\tau_0-2\omega_0\cos\omega_0\tau_0)}{p_{12}p_{21}i\omega_0}\right\}\\
&=\frac{1}{(p_{12}p_{21})^2}\{2\omega_0{}^2+[(p_{11}+p_{22})^2-2p_{11}p_{22}]\}\\
&=\frac{1}{(p_{12}p_{21})^2}\sqrt{\Delta_\omega}>0.
\end{aligned}$$

因此，

$$sign\left\{\left[\frac{d\mathrm{Re}(\lambda)}{d\tau}\right]\bigg|_{\tau=\tau_0}\right\}=sign\left\{\mathrm{Re}\left(\frac{d\lambda}{d\tau}\right)^{-1}\bigg|_{\tau=\tau_0}\right\}>0.$$

最后，根据霍普夫分岔定理[33]，我们得到定理2.6。

定理2.6 如果条件$(p_{22}p_{11})^2-(p_{12}p_{21})^2<0$成立且$\tau\in(0,\tau_0)$，系统（2.1）的正平衡点$E(x_*,y_*)$是渐进稳定的，且系统（2.1）在$\tau=\tau_0$处经历霍普夫分岔，其中$\tau_0$和$p_{11}$，$p_{12}$，$p_{21}$，$p_{22}$如方程（2.31）和方程（2.22）所定义。

图2.7（a）中x关于τ_2的分岔图和图2.7（b）—（d）中x和y的相图验证了定理2.6。针对参数$v_1=0.86$，$v_2=0.6$，$v_3=0.89$，$d_1=0.017$，$d_2=0.49$，$r_1=0.17$，$r_2=0.004$，$k_1=1.07$，$k_2=0.03$，$k_3=0.42$，系统（2.1）有唯一的正平衡点$E(x_*,y_*)=(0.2126,0.3785)$和$(p_{22}p_{11})^2-(p_{12}p_{21})^2=-0.4940<0$，那么，$\omega_0=0.7677$，$\tau_0=0.4677$。根据定理2.6，正平衡点$E(x_*,y_*)=(0.2126,0.3785)$在$\tau\in(0,\tau_0)$内是渐进稳定的，系统（2.1）在$\tau=\tau_0$经历超临界霍普夫分岔，这些与图2.7（a）分岔图一致。当$\tau_1=0.2$，$\tau_2=0.2677=\tau_0-\tau_1$时，发生了超临界霍普夫分岔$HB_{sup}$。此外，在图2.7（b）—（d）的$x$和$y$的相图上，实心和空心点分别表示稳定和不稳定平衡点，带箭头的线表示轨线。正平衡点在$\tau_2=0.1<\tau_0-\tau_1$处是稳定的［图2.7（b）］，轨线无限接近正平衡点。平衡点在$\tau_2=0.2677=\tau_0-\tau_1$失去稳定性［图2.7（c）］，在$\tau_2=0.35>\tau_0-\tau_1$时平衡点变得不稳定，而且出现一个稳定的极限环，灰色圈表示稳定的极限环，空心圈表示不稳定

平衡点［图2.7（d）］。

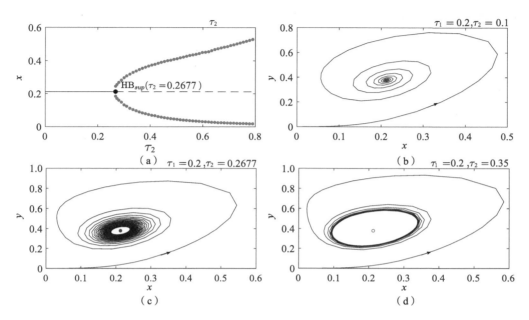

图 2.7 （a）当 $\tau_1 = 0.2$ 时，x 关于 τ_2 的单参数分岔图；（b）—（d）x 和 y 的相图

2.5　本章小结

在本章，我们对没有时滞和有时滞系统（2.1）的稳定性和分岔进行分析。在 $\tau = 0$ 时，利用笛卡尔符号法则，我们分析了系统（2.1）正平衡点的存在性，在定理 2.1 中得到系统（2.1）存在唯一正平衡点的条件，并且由图 2.2 中系统（2.1）的 x 和 y 的等值线验证。在没有时滞时，由于雅可比矩阵的行列式和迹的复杂性，系统（2.1）的正平衡点的稳定性在表 2.2 给出。对于正平衡点，选择 v_3 作为分岔参数，定理 2.3 和定理 2.4 分别给出鞍结和霍普夫分岔产生的条件，而且定理 2.4 给出第一李雅普诺夫数来决定极限环的稳定性。这两个定理由图 2.3 和图 2.4 中 x 关于 v_3 的单参数分岔图验证。进一步选择 v_3 和 d_2 作为参数，通过计算尖点附近的普适开折，在定理 2.5 中，获得系统产生余维 2 Bogdanov-Takens 分岔的条件，并且由图 2.5 中 v_3 和 d 的双参数分岔图验证，给出由 Bogdanov-Takens 分岔产生的鞍结分岔，霍普夫分岔和同宿分岔曲线。对于 $\tau \neq 0$，我们推导出时滞引起超临界霍普夫分岔的条件，见定

理2.6，并且通过x关于τ的分岔图和x和y的相图验证。这些结果加深了对p53基因调控网络动力学的理解。

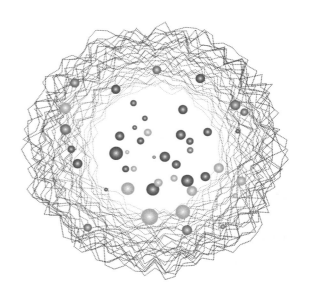

3 高斯白噪声引起p53基因调控网络的双稳态转迁

p53基因调控网络在一定参数范围内具有低稳态和高稳态共存的双稳态，分别对应细胞的正常和凋亡状态[34]。然而，基因调控网络不可避免地受到外部环境变化和内部分子数目波动等随机噪声的影响[35]，分析随机噪声对p53基因调控网络双稳态转迁的影响有助于理解噪声下细胞命运的决定。本书基于文献[7]的基因调控网络，选择适当参数使其具有双稳态，然后在网络中加入高斯白噪声，针对双稳态区间靠近和远离分岔点的两个参数，分析噪声对双稳态转迁的影响。结果显示，对于低（高）稳态分岔点附近的参数，噪声会诱导高（低）稳态转迁到低（高）稳态，而对于双稳态中间的参数，噪声可诱导两个稳态的不断转迁，而转迁的原理通过能量面进行解释。此外，对于双稳态区间中所有参数，在四个典型噪声强度下，p53浓度的平均值显示低稳态易转迁到高稳态，但高稳态很难转迁到低稳态。

3.1　模型描述

图3.1描述了p53基因调控网络，包括磷酸化的ATM（Ataxia Telangiectasia Mutated Protein，ATM）、p53、PDCD5和三种形式的Mdm2：细胞核中的Mdm2（$Mdm2_{nuc}$）、细胞质中的Mdm2（$Mdm2_{cyt}$）、细胞质中在395位点磷酸化的Mdm2（$Mdm2_{cyt}^{395P}$）。带有实心圆点和横线的实线分别表示它们之间的促进和抑制作用，带箭头的实线和虚线分别表示物质不同状态的转换和降解。ATM和$Mdm2_{cyt}^{395P}$促进p53的表达，而$Mdm2_{nuc}$通过加速p53的降解而抑制它的表达。p53激活$Mdm2_{cyt}$的表达，而ATM促进$Mdm2_{cyt}$在395位点的磷酸化。PDCD5是p53的激活蛋白，它既可以加速$Mdm2_{nuc}$的降解，又可以抑制$Mdm2_{nuc}$对p53的降解作用。

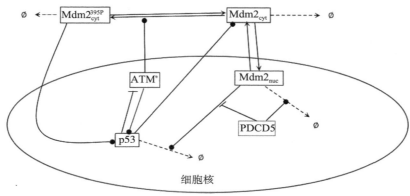

图 3.1　p53 基因调控网络

p53、$Mdm2_{cyt}$、$Mdm2_{cyt}^{395P}$、$Mdm2_{nuc}$ 和 ATM 的浓度分别由 $x_1(t)$、$x_2(t)$、$x_3(t)$、$x_4(t)$ 和 $x_5(t)$ 表示，它们变化的方程如下：

$$\frac{dx_1(t)}{dt} = v_1(x_3(t), x_5(t)) - d_1(x_4(t)) \cdot x_1(t) = f_1(\boldsymbol{X}), \tag{3.1}$$

$$\frac{dx_2(t)}{dt} = v_2(x_1(t)) - d_2 \cdot x_2(t) - k_i \cdot x_2(t) + k_o \cdot x_4(t) - k_p(x_5(t)) \cdot x_2(t) + k_q \cdot x_3(t) = f_2(\boldsymbol{X}), \tag{3.2}$$

$$\frac{dx_3(t)}{dt} = k_p(x_5(t)) \cdot x_2(t) - k_q \cdot x_3(t) - g_0 \cdot d_2 \cdot x_3(t) = f_3(\boldsymbol{X}), \tag{3.3}$$

$$\frac{dx_4(t)}{dt} = k_i \cdot x_2(t) - k_o \cdot x_4(t) - (1 + r_2 \cdot P) \cdot d_2 \cdot x_4(t) = f_4(\boldsymbol{X}), \tag{3.4}$$

$$\frac{dx_5(t)}{dt} = v_5 - d_5(x_1(t)) \cdot x_5(t) = f_5(\boldsymbol{X}). \tag{3.5}$$

其中，$\boldsymbol{X} = (x_1, \ x_2, \ x_3, \ x_4, \ x_5)^T$，方程中的子函数如下：

$$v_1(x_3(t), x_5(t)) = v_p \cdot \left[(1 - \rho_0) + \rho_0 \cdot \frac{x_5(t)^{s_0}}{K_0^{s_0} + x_5(t)^{s_0}} \right] \cdot \left[(1 - \rho_1) + \rho_1 \cdot \frac{x_3(t)^{s_1}}{K_1^{s_1} + x_3(t)^{s_1}} \right], \tag{3.6}$$

$$d_1(x_4(t)) = d_p \cdot \left[(1 - \rho_2) + \rho_2 \cdot \frac{x_4(t)^{s_2}}{k_2(P)^{s_2} + x_4(t)^{s_2}} \right], \tag{3.7}$$

$$k_2(P) = K_2 \cdot \left[(1 - r_1) + r_1 \cdot \frac{(\alpha \cdot P)^{m_1}}{1 + (\alpha \cdot P)^{m_1}} \right], \tag{3.8}$$

$$v_2(x_1(t)) = v_m \cdot \left[(1 - \rho_3) + \rho_3 \cdot \frac{x_1(t)^{s_3}}{K_3^{s_3} + x_1(t)^{s_3}} \right], \tag{3.9}$$

$$k_p(x_5(t)) = k_a \cdot \left[(1 - \rho_4) + \rho_4 \cdot \frac{x_5(t)^{s_4}}{K_4^{s_4} + x_5(t)^{s_4}} \right], \tag{3.10}$$

$$d_5(x_1(t)) = d_a \cdot \left[(1 - \rho_5) + \rho_5 \cdot \frac{x_1(t)^{s_5}}{K_5^{s_5} + x_1(t)^{s_5}} \right]. \tag{3.11}$$

其中 v_p、v_m 和 v_5 分别表示 p53、Mdm2 和 ATM 的产生速率，d_p、d_2 和 d_a 分别表示 p53、Mdm2 和 ATM 的降解速率，k_a 和 k_q 表示 p53 磷酸化和去磷酸化速率，k_i 和 k_o 表示 Mdm2 进入和离开细胞核的速率，r_i、g_0、α 和 ρ_i 是比例因子，K_i、s_i 和 m_1 分别是希尔常数和希尔系数，P 表示 PDCD5 的浓度。参数的具体值见表 3.1。

为了分析随机噪声对 p53 基因调控网络双稳态转迁的影响，我们在方程（2.1）—（2.5）中加入高斯白噪声 $\xi(t)$，满足统计性质 $<\xi(t)>=0$，$<\xi(t)\xi(t')>=2D\delta(t-t')$，D 为噪声强度，$\delta(\cdot)$ 为狄拉克函数。方程（3.1）—（3.5）对应的随机微分方程为，

$$\frac{\mathrm{d}x_i}{\mathrm{d}t} = f_i(\boldsymbol{X}) + \xi_i, (i = 1, 2, \cdots, 5) \tag{3.12}$$

3.2　确定模型的双稳态

本部分，选择表 3.1 中的参数使得系统出现双稳态。图 3.2 给出 p53 的浓度 x_1 关于 p53 的产生速率 v_p 的分岔图。图中实线表示稳定的平衡点，而虚线表示不稳定的平衡点。系统在 $v_p = 0.087$（F_1）和 $v_p = 0.776$（F_2）处发生了平衡点的鞍结分岔，产生一个稳定平衡点和一个不稳定平衡点。因此，当参数 v_p 在 F_1 和 F_2 之间发生变化时，系统出现两个稳定平衡点共存的双稳态。系统将依赖于不同的初始值而达到不同的稳态，具体见图 3.3。

表 3.1　参数值

参数	值	参数	值	参数	值	参数	值
s_0	4.000	s_1	4.000	ρ_1	0.980	K_1	0.057
s_4	2.000	ρ_0	0.900	K_0	0.300	s_5	4.000
ρ_3	0.980	ρ_4	0.900	K_4	1.000	k_a	0.650
k_2	0.090	K_3	4.430	d_p	0.530	r_1	0.800
ρ_5	0.900	K_5	1.000	m_1	4.000	k_q	0.240
v_m	0.135	d_a	0.530	k_o	0.010	v_5	1.200
α	3.300	k_i	0.140	r_2	1.500		
d_2	0.034	g_0	3.580	s_3	4.000		
P	3.000	s_2	4.000	ρ_2	0.970		

注：时间单位为分钟，密度单位是任意的。

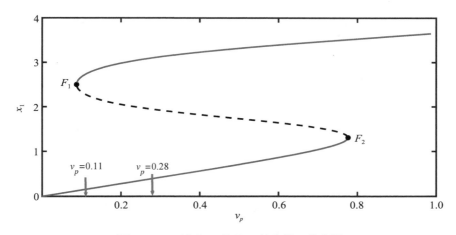

图 3.2   p53 浓度 x_1 关于 v_p 的余维一分岔图

图 3.3 给出三个典型的 p53 浓度 x_1 和 Mdm2 浓度 $x_M = x_2 + x_3 + x_4$ 的相图。图中黑色和灰色实心点分别表示稳定结点和焦点，带有箭头的实线和虚线分别表示低初始值和高初始值的轨线。从图中可以看到，当 v_p 在 F_1 点左侧变化时（$v_p = 0.05$），在任何初始条件下，系统均会达到较小的平衡点（低稳态）；当 v_p 在点 F_1 和 F_2 之间变化时（$v_p = 0.11$），系统在低初始值下达到较小的平衡点（低稳态），在高初始值下达到较大平衡点（高稳态），从而出现双稳态现象。对于 F_2 右侧的 v_p（$v_p = 0.9$），系统在任何初始值下达到较大的平衡点（高稳态）。

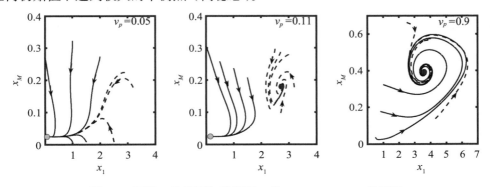

图 3.3   不同 v_p 和不同初始值下 x_1 和 $x_M = x_2 + x_3 + x_4$ 的相图

由上面分析可以看出，适当的参数使得系统出现双稳态，系统达到哪个稳态依赖于初始值，接下来，探讨高斯白噪声强度对双稳态转迁的影响。

3.3 高斯白噪声对双稳态转迁的影响

我们选择两个典型的参数 v_p，一个在双稳态区间的鞍结分岔点附近 $v_p = 0.11$，另一个在双稳态中间的 $v_p = 0.28$，分析高斯白噪声强度对双稳态转迁的影响。

3.3.1 鞍结分岔点近旁的双稳态转迁

在这部分我们选择在鞍结分岔点 F_1（$v_p = 0.087$）附近的参数 $v_p = 0.11$，针对低初始值和高初始值，给出三个典型噪声强度下的时间序列图（图 3.4）。在确定情况下，噪声强度 $D = 0$，当低初始值 $(x_1(0), x_2(0), x_3(0), x_4(0), x_5(0)) = (0.000, 0.007, 0.013, 0.005, 0.225)$ 时，p53 达到低稳态 [图 3.4(a_1)]，而在高初始值 $(x_1(0), x_2(0), x_3(0), x_4(0), x_5(0)) = (3.200, 0.0540.084, 0.039, 2.300)$ 下，p53 达到高稳态 [图 3.4(b_1)]。而图 3.4(a_2)(a_3) 显示，对于低初始值情况，较大的噪声强度下（$D = 0.003$，0.006）依然使 p53 保持在低稳态。而图 3.4(b_2)(b_3) 显示，对于高的初始值，较大的噪声强度（$D = 0.003$，0.006）使得系统由高稳态转迁到低稳态，且噪声强度越大，转迁时间越短。

为了解释噪声引起稳态转迁的原理，我们利用能量面函数 $U = -\ln P_{ss}$[36]，其中 P_{ss} 表示稳态概率密度，U 的极小值点对应稳态值，而且 U 值越小表示相应稳态的稳定性越大。在此将 U 投影到 x_1 轴上。我们对随机微分方程组（3.12）模拟 5000 次，每次运行到 20000 分钟，x_1 和其他物质的初始值分别在 [0，4] 和 [0，1] 均匀分

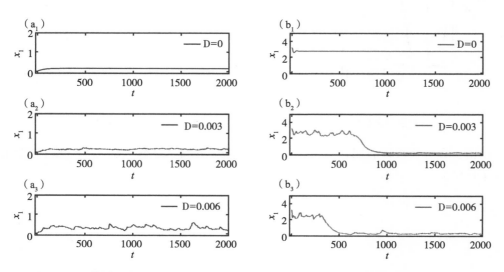

图 3.4　x_1 的时间序列（a_1）—（a_3）低初始值，（b_1）—（b_3）高初始值，$v_p = 0.11$

布，得到 x_1 的稳态概率密度，进而得到 x_1 的能量面。图 3.5 给出在噪声强度 D=0，0.003，0.006 时 x_1 的能量面，图中 U 的极小值点对应系统的稳态值，从图中可以看出，随着噪声强度的增大，低稳态的势能越来越小，势垒越来越深，稳定性逐渐增加，而高稳态的势能逐渐增大，势垒越来越浅，直到消失，其稳定性逐渐减弱。因此，在噪声强度 D=0 时，由于低稳态和高稳态的势垒较深，所以，当系统选择低初始值和高初始值时，分别达到低稳态和高稳态 [图 3.4(a_1)(b_1)]，而 D=0.003 时，高稳态的势垒高度减小，因此，高稳态会转迁到低稳态 [图 3.4(b_2)]，而在 D=0.006 下，系统只有低稳态，所以，高稳态很快转迁到低稳态 [图 3.4(b_3)]。

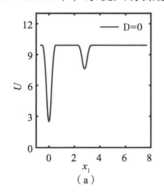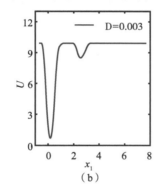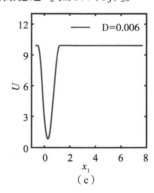

图 3.5　x_1 的能量面（$v_p = 0.11$）

类似地，在分岔点 F_2 附近的参数 v_p，随着噪声强度的增加，会使系统从低稳态转迁到高稳态，由于情况类似，在这里不再赘述。接下来，我们讨论在远离分岔点的参数下高斯白噪声强度对双稳态转迁的影响。

3.3.2　远离鞍结分岔点的双稳态转迁

我们选择远离分岔点 F_1（$v_p = 0.087$）和 F_2（$v_p = 0.776$）的参数 v_p，$v_p = 0.28$，分别针对低初始值 $(x_1(0), x_2(0), x_3(0), x_4(0), x_5(0))=(0.000, 0.007, 0.013, 0.005, 0.187)$ 和高初始值 $(x_1(0), x_2(0), x_3(0), x_4(0), x_5(0))=(4.000, 0.080, 0.123, 0.057, 2.286)$，讨论高斯白噪声对双稳态转迁的影响。

图 3.6 针对三个典型噪声强度（D=0，0.004，0.007），低初始值 [图 3.6(a_1)—(a_3)] 和高初始值 [图 3.6(b_1)—(b_3)] 时 x_1 的时间序列图。通过图像可以看出，在较小的噪声强度下（D=0，0.004），低（高）初始值会达到低（高）稳态，而较大的噪声强度（D=0.007），使系统在两个稳态之间来回转迁。

33

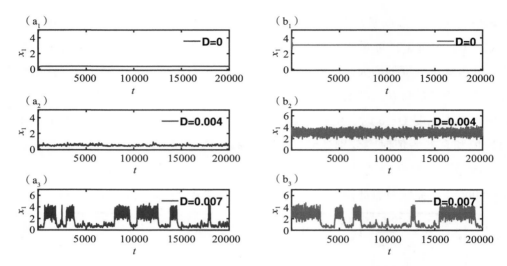

图 3.6 x_1 的时间序列（a_1）—（a_3）低初始值，（b_1）—（b_3）高初始值，$v_p = 0.28$

类似地，图 3.7 给出了 x_1 的能量面图，从图像可以看出，低稳态和高稳态的势能大小和势垒深度基本相同，因此它们具有相同的稳定性，而噪声强度的增加使得势垒深度逐渐减少，因此，噪声使系统在两个稳态来回转迁。

从上面的分析得出，我们选择两个典型的参数 v_p，靠近分岔点的参数，噪声使系统从一个稳态转迁到另一个稳态，而远离分岔点的参数，噪声使系统在两个稳态之间来回转迁。为了说明更一般的情况，下面考虑双稳态区间内不同参数 v_p 在几个噪声强度下 x_1 的平均值。

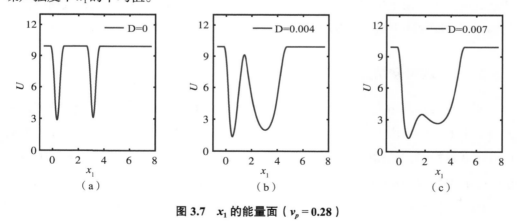

图 3.7 x_1 的能量面（$v_p = 0.28$）

3.3.3 双稳态区间内 p53 浓度的平均值

针对低初始值和高初始值，在四个典型噪声强度（D = 0.003，0.004，0.006，

0.007）下，我们给出双稳态区间内不同 v_p 下 x_1 的平均值 $<x_1>$。x_1 的平均值是在每组参数下，对随机微分方程（3.12）数值模拟1000次，每次运行时间为2000分钟得到的。为了方便比较与分析，我们把 $<x_1>$ 画在图3.2的分岔图上。

图3.8给出了在低初始值 $(x_1(0)，x_2(0)，x_3(0)，x_4(0)，x_5(0))=(0，0，0，0，0)$ 时，在一定噪声强度下，不同 v_p 时 x_1 的平均值 $<x_1>$。从图中可以看出，对于这些噪声强度，针对左侧鞍结分岔点 F_1 附近的 v_p，x_1 的平均值 $<x_1>$ 在低稳态附近，而当 v_p 在右侧鞍结分岔点 F_2 附近时，x_1 的平均值 $<x_1>$ 却不一定在高稳态附近（$D=0.003$）。因此，在 F_1 附近低稳态的稳定性比高稳态稳定性强，而 F_2 附近的情况却与噪声强度有关，这与上面的分析一致。此外，从图中还可以看出，低稳态很容易转迁到高稳态，噪声强度越大，从低稳态转迁到高稳态的参数 v_p 范围越来越大。图中 x 轴上的横条即为在不同噪声强度下，系统从低稳态转迁到高稳态参数 v_p 的范围。而针对每一个噪声强度，在低稳态和高稳态之间的 x_1 的平均值 $<x_1>$ 表明，在此范围内的 v_p，噪声可使系统在两个稳态之间来回转迁，而不是达到哪个稳态。

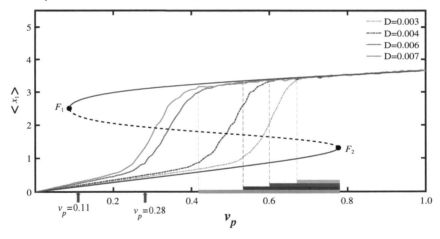

图 3.8　低初始值下 x_1 的平均值 $<x_1>$

系统在高初始值 $(x_1(0)，x_2(0)，x_3(0)，x_4(0)，x_5(0))=(1.015，1.148，1.053，0.368，1.286)$ 时，在一定噪声强度下，不同 v_p 下 x_1 的平均值 $<x_1>$，见图3.9。从图中可以看出，对于这些噪声强度，针对双稳态区间内较大范围的参数 v_p，x_1 的平均值 $<x_1>$ 均在高稳态附近，只有在左侧鞍结分岔点 F_1 附近的 v_p，噪声诱导系统从高稳态到低稳态的转迁，而不同噪声强度诱导的转迁参数 v_p 的范围基本相同。图中 x 轴上的横条即为在不同噪声强度下，系统从高稳态转迁到低稳态的参数 v_p 的范围。不同的是，高稳态和低稳态之间的 $<x_1>$ 随着噪声强度的增加而逐渐增大，即较大的噪声强度使系统在两个稳态之间来回转迁的参数 v_p 区域较大。

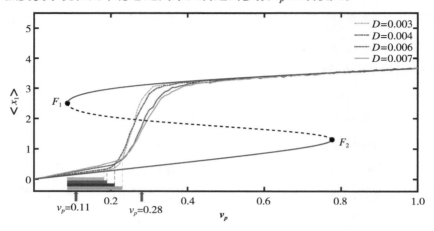

图 3.9　高初始值下 x_1 的平均值 $<x_1>$

通过以上分析可以得出，这个系统高稳态的稳定性更高，对于低初始值下，噪声很容易使系统转迁到高稳态，而高初始值下，系统更容易停留在高稳态附近。

3.4　本章小结

根据文献[7]中的p53基因调控网络，在网络确定模型中加入高斯白噪声，分析了噪声对双稳态转迁的影响。通过分岔分析确定模型的双稳态参数区间，用相图说明了稳态对初始值的依赖性；针对双稳态区间的参数，分析了噪声对两个稳态转迁的影响，结果显示，当系统经历鞍结分岔只留下低（高）稳态时，对于靠近低（高）稳态分岔点的双稳态区间里的参数，噪声可以使得高（低）稳态转迁到低（高）稳态，对于远离分岔点的参数，噪声可诱导两个稳态的不断转迁；p53浓度的平均值显示，噪声强度增大扩大了从低稳态转迁到高稳态的参数范围，对高稳态转迁到低稳态的参数范围影响较小。

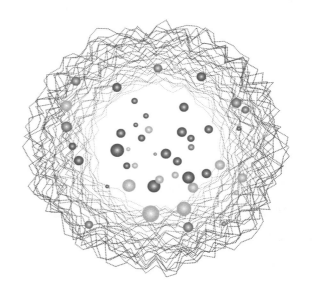

4　Lévy噪声诱导p53基因调控网络分岔点附近的相转迁

压力后细胞内肿瘤抑制蛋白p53表现出丰富的动力学，p53振荡动力学对应细胞周期阻滞，通过确定模型的分岔图可以分析p53基因调控网络中蛋白质表达水平和反应速率常数引起的稳定稳态到振荡动力学的转迁。然而，基因调控网络中不可避免地受到环境扰动和内部分子数目波动等影响，因此，许多研究分析噪声引起基因调控网络中稳态转迁，而噪声对p53基因调控网络中稳定稳态到振荡的转迁是值得关注的。

许多研究从理论和数值方面分析噪声引起基因调控网络的稳态转迁[37]。一般情况下，噪声常假设服从高斯分布，是在均值附近有小波动的随机噪声[24, 38]。然而，大量生物实验表明，mRNA和蛋白质的产生经常以簇形式出现，生物系统中的噪声更具有非高斯分布[39]。因此，利用具有重尾和大脉冲的Lévy噪声刻画生物系统中的随机噪声更有意义。许多研究分析Lévy噪声的噪声强度、稳定性指数和偏斜参数对基因调控网络相变的影响，包括两个稳定稳态之间的转迁，稳定稳态到振荡的转迁[25, 39]。而Lévy噪声引起p53基因调控网络中稳定稳态到振荡的转迁关注较少。

预测各种应用中噪声和控制参数引起相变的转迁点是至关重要的[40]。一些研究预测癫痫发作[41]、动力系统中加周期到混沌的转迁点[42]，双稳态和多稳态系统中稳态的转迁点[27, 43]，这些转迁点的预测都基于一些指标，比如，滞后一阶自相关系数、方差、峰度和偏度等。此外，汪劲等人提出的能量面方法是分析生物系统随机噪声引起的转迁和全局稳定性的有效措施[36]。能量面 $U = -\ln P_{ss}$，其中P_{ss}是稳态概率密度。能量面投影在二维相空间时，闭环和漏斗形的山谷分别代表稳定极限环和稳定稳态。谷的深度表示稳态的稳定性。能量面已被广泛应用于细胞周期[44]，神经网络[45]、癌症[46]和大脑功能[47]中的全局动力学，并且用于研究几种基因调控网络中不同稳态间转迁的动力学[48-50]。

在本章，基于文献[51]中的p53基因调控网络，确定模型的分岔图显示，ATM降解速率的改变引起p53动力学的转迁，有稳定稳态、稳定极限环以及稳定稳态和稳定极限环共存的三种动力学。在确定模型中加入Lévy噪声，Lévy噪声参数会引起分岔点附近稳定稳态到稳定极限环的转迁，进而影响确定模型的分岔图，这些转迁通过能量面解释，并利用滞后一阶自相关系数、方差、峰度和偏度对转迁点进行预测。

4.1　模型描述

图 4.1 描述 p53 基因调控网络[51]。图中头部有圆点和水平线的线段分别表示蛋白质的促进和抑制作用，带箭头的实线表示同一种蛋白质不同状态间的转换，虚线表示蛋白质的降解。图中包括一条负反馈回路 p53-Wip1-ATM，其中 DNA 损伤激活的磷酸化 ATM（ATM*）促进蛋白质 p53 在 Ser-15 位点的磷酸化，而蛋白质 p53 通过提高 Wip1 基因的表达加大蛋白质 Wip1 对 ATM 的抑制作用。另一条负反馈回路是 p53-Mdm2$_{cyt}$-Mdm2$_{nuc}$，磷酸化的 p53 提高 Mdm2 基因的表达促进细胞质 Mdm2（Mdm2$_{cyt}$）蛋白的产生，而扩散到细胞核中的 Mdm2（Mdm2$_{nuc}$）加速 p53 降解。然而，在 Ser-395 位点磷酸化的 Mdm2（Mdm2$_{cyt}^{395P}$）促进 p53 的表达而形成一条正反馈回路，p53-Mdm2$_{cyt}$-Mdm2$_{cyt}^{395P}$。此外，PDCD5 通过加速 Mdm2$_{nuc}$ 的降解以及抑制 Mdm2$_{nuc}$ 对 p53 的降解，起到 p53 激活子的作用。

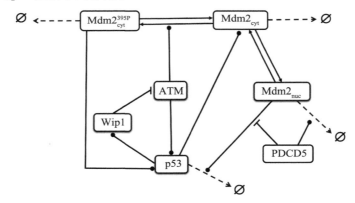

图 4.1　p53 基因调控网络示意图（实线箭头表示 Mdm2 的不同状态之间的转换，头部有圆点和水平线的实线分别代表促进和抑制，虚线箭头表示降解，ϕ 产物降解）

根据质量作用定律和米氏方程，图 4.1 中蛋白质浓度变化的数学模型是方程（4.1），其中 x_i（$i=1$，$\cdots$，6）分别表示 p53，Mdm2$_{cyt}$，Mdm2$_{cyt}^{395P}$，Mdm2$_{nuc}$，ATM 和 Wip1 的浓度。$\bar{v}_i$ 和 $\bar{d}_i$ 分别是蛋白质的产生和降解速率。$\bar{k}_p$ 和 $\bar{k}_q$ 是 Mdm2 在 Ser-395 位点的磷酸化和去磷酸化速率。k_i 和 k_o 是 Mdm2 进入和离开细胞核的速率。希尔函数描述蛋白质的调控，ρ_i，r_1 是调控强度，K_i，α 是希尔常数。DNA 损伤后的 DNA 在

修复过程中，ATM 的产生速率和 PDCD5 的表达水平分别设为常数 v_5 和 P。所有参数值见表 4.1[52]，其中时间单位为分钟，蛋白质浓度为无量纲化。

$$
\begin{cases}
\dfrac{dx_1(t)}{dt} = v_1(x_3(t), x_5(t)) - d_1(x_4(t))x_1(t) = f_1, \\[2mm]
\dfrac{dx_2(t)}{dt} = v_2(x_1(t)) - \bar{d}_2 x_2(t) - k_i x_2(t) + k_o x_4(t) - k_p(x_5(t))x_2(t) + \bar{k}_q x_3(t) = f_2, \\[2mm]
\dfrac{dx_3(t)}{dt} = k_p(x_5(t))x_2(t) - \bar{k}_q x_3(t) - g_0 \bar{d}_3 x_3(t) = f_3, \\[2mm]
\dfrac{dx_4(t)}{dt} = k_i x_2(t) - k_o x_4(t) - f(t)\bar{d}_4 x_4(t) = f_4, \\[2mm]
\dfrac{dx_5(t)}{dt} = v_5(t) - d_5(x_6(t))x_5(t) = f_5, \\[2mm]
\dfrac{dx_6(t)}{dt} = \bar{v}_{60} + v_6(x_1(t)) - \bar{d}_6 x_6(t) = f_6.
\end{cases}
\tag{4.1}
$$

这些方程的子函数如下，

$$
\begin{cases}
v_1(x_3(t), x_5(t)) = \bar{v}_1\left((1 - \rho_0) + \rho_0 \dfrac{x_5(t)^4}{K_0^4 + x_5(t)^4}\right)\left((1 - \rho_1) + \rho_1 \dfrac{x_3(t)^4}{K_1^4 + x_3(t)^4}\right), \\[3mm]
d_1(x_4(t)) = \bar{d}_1\left((1 - \rho_2) + \rho_2 \dfrac{x_4(t)^4}{K_2(P(t))^4 + x_4(t)^4}\right), \\[3mm]
K_2(P(t)) = \overline{K}_2\left((1 - r_1) + r_1 \dfrac{(\alpha P(t))^4}{1 + (\alpha P(t))^4}\right), \\[3mm]
v_2(x_1(t)) = \bar{v}_2\left((1 - \rho_3) + \rho_3 \dfrac{x_1(t)^4}{K_3^4 + x_1(t)^4}\right), \\[3mm]
k_p(x_5(t)) = \bar{k}_p\left((1 - \rho_4) + \rho_4 \dfrac{x_5(t)^2}{K_4^2 + x_5(t)^2}\right), \\[3mm]
f(t) = 1 + \bar{d}_{4p} P(t), \\[3mm]
d_5(x_6(t)) = \bar{d}_5\left((1 - \rho_5) + \rho_5 \dfrac{x_6(t)^4}{K_5^4 + x_6(t)^4}\right), \\[3mm]
v_6(x_1(t)) = \bar{v}_6\left((1 - \rho_6) + \rho_6 \dfrac{x_1(t)^4}{K_6^4 + x_1(t)^4}\right).
\end{cases}
\tag{4.2}
$$

表 4.1 模型中的参数

参数	值	参数	值	参数	值	参数	值
$\bar{v}_1$	0.95	ρ_0	0.9	$\overline{K}_2$	0.09	K_3	4.43
K_1	0.057	ρ_2	0.97	ρ_3	0.98	ρ_4	0.9
α	3.3	$\bar{v}_2$	0.135	$\bar{k}_p$	0.65	$\bar{d}_3$	0.034
k_i	0.14	k_o	0.01	$\bar{d}_2$	0.034	$\bar{d}_1$	0.53
K_4	1	$\bar{k}_q$	0.24	$\bar{d}_{4p}$	1.5	ρ_6	0.5
$\bar{d}_4$	0.034	g_0	3.58	v_5	1.2	$\bar{v}_{60}$	0.01
ρ_5	0.9	K_5	1	$\bar{v}_6$	0.09		
K_6	1	$\bar{d}_6$	0.05	ρ_1	0.98		
P	0.95	K_0	0.3	r_1	0.8		

4.2 确定性模型的动力学分析

4.2.1 确定性模型的分岔分析

在本部分，利用XPP软件中的AUTO软件包，画出确定模型（4.1）中p53浓度x_1关于ATM降解率$\bar{d}_5$的分岔图[53]，见图4.2。实线和虚线分别表示稳定稳态和不稳定稳态，实心点和空心圈分别表示稳定极限环和不稳定极限环。分岔图上有四个余维1分岔点，在$(\bar{d}_5, x_1)=(1.1728, 2.0887)$处的平衡点的鞍结分岔（F），在$(\bar{d}_5, x_1)=(1.0050, 1.4815)$处的鞍结同宿分岔（SNIC），在$(\bar{d}_5, x_1)=(0.8168, 2.7092)$处的亚临界Hopf分岔（HB）和在$(\bar{d}_5, x_1)=(0.6605, 4.8035)$）处的极限环的鞍结分岔（LPC）。它们将$x$轴分为五个区域$R_1$ - R_5。当$\bar{d}_5$在R_1内变化时，系统只有一个稳定的高稳态。由于LPC引起一个稳定和不稳定极限环出现，使得$\bar{d}_5$在R_2内变化时，系统出现稳定极限环和稳定稳态共存的双稳态。HB使得不稳定极限环消失和稳定稳态失稳，在区域R_3内只剩下稳定的极限环。稳定的极限环在SNIC处消失，并产生一个稳定低稳态和不稳定稳态，两个不稳定稳态在F点碰撞消失，因此，在区域R_4和R_5内只有一个稳定的低稳态。

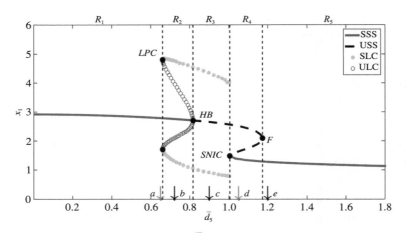

图 4.2 x_1 关于 $\bar{d}_5$ 的余维一分岔图

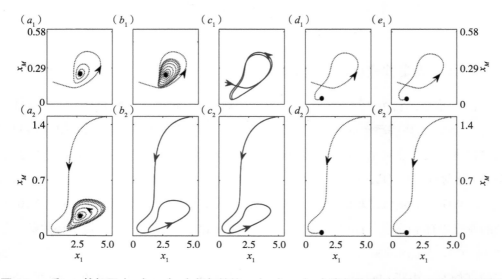

图 4.3 x_1 和 x_M 的相图（a_1）—（e_1）低初始值，（a_2）—（e_2）高初始值（虚线和实线分别表示沿箭头方向的轨线，黑点是稳定稳态）

进一步，针对图 4.2 中五个典型 $\bar{d}_5$ 的值（$\bar{d}_5$=0.65，0.72，0.9，1.05，1.2），在低初始值（$x_1(0)$，$x_2(0)$，$x_3(0)$，$x_4(0)$，$x_5(0)$，$x_6(0)$）=(0.5，0.06，0.06，0.06，0.1，0.1）和高初始值（$x_1(0)$，$x_2(0)$，$x_3(0)$，$x_4(0)$，$x_5(0)$，$x_6(0)$）=(5，0.5，0.5，0.5，3，2）两种情况下，画出 x_1 和 x_M（$x_M = x_2 + x_3 + x_4$）的相图，如图 4.3 所示，其中虚线和实线分别表示稳定稳态和稳定极限环沿箭头方向的轨线。从图中可以看出，对于 R_1，R_3，R_4 和 R_5 内的 $\bar{d}_5$，轨线的稳态不依赖初值。而对于 R_2 的 $\bar{d}_5$，轨线的稳态依赖初值，低初始值达到稳定的稳态，高初始值达到稳定的极限环。下面进一步探

讨初始值对模型动力学的影响。

4.2.2 确定性模型初始条件的敏感性分析

基于单个相图很难解释确定性模型（4.1）的动力学对初始条件的依赖性，本节利用能量面和初值敏感性分析探讨模型（4.1）对初值的依赖性。

针对图 4.2 中五个典型 $\bar{d}_5$ 的值（$\bar{d}_5$＝0.65，0.72，0.9，1.05，1.2），取 x_i，i＝1，2，…，6 的初始值分别在 [0，5]，[0，0.5]，[0，0.5]，[0，0.5]，[0，3] 和 [0，2] 内均匀分布，每次运行 1×10^4 分钟，共运行 5×10^3 次得到 x_i 的时间序列，据统计分析得到稳态概率密度 P_{ss}，进而得到能量面 $U = -\ln(P_{ss})$。$U(\mathbf{X}) = -\ln(P_{ss}(\mathbf{X}))$，$\mathbf{X} = (x_1，x_2，x_3，x_4，x_5，x_6)$ 投影到 $(x_1，x_M)$ 平面上得到 $U(x_1，x_M) = -\ln(P_{ss}(x_1，x_M))$，如图 4.4 所示。图 4.4（a）（d）（e）中漏斗形状的能量面对应 R_1，R_4 和 R_5 中（$\bar{d}_5$＝0.65，1.05 和 1.2）唯一的稳定稳态，图 4.4（c）中闭环的能量面对应 R_3（$\bar{d}_5$＝0.9）中唯一的稳定极限环，它们均与初始值无关。图 4.4（b）中既有漏斗形状的峡谷又有闭环，对应 R_2 中（$\bar{d}_5$＝0.72）一个稳定稳态和一个稳定极限环，不同初始值有不同的稳定稳态，因此，对于 R_2 中的 $\bar{d}_5$＝0.72，我们将在下面讨论模型（4.1）的动力学对初始条件的敏感性。

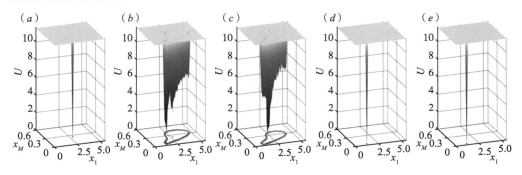

图 4.4　能量面 $U = -ln(P_{ss}(x_1，x_M))$，对于不同 $\bar{d}_5$（a）0.65；（b）0.72；（c）0.9；（d）1.05；（e）1.2

对于 $\bar{d}_5$＝0.72，设 $x_5(0) = x_6(0) = 0.1$，$x_2(0) = x_3(0) = x_4(0)$，模型（4.1）的稳态动力学对 x_1 和 x_M 初始值 $x_1(0)$ 和 $x_M(0)$ 的依赖性在图 4.5（a）给出，当初始值在两条曲线间变化时，模型（4.1）达到稳定稳态，否则是振荡。针对图 4.5（a）中用圆点标记的三组初始值 $(x_1(0)，x_2(0)，x_3(0)，x_4(0)，x_5(0)，x_6(0))$＝(1.5，0.18，0.18，0.18，0.1，0.1)，(1.5，0.1，0.1，0.1，0.1，0.1)，(1.5，0.02，0.02，0.02，0.1，0.1)，图 4.5（b）—（d）给出了 $x_1(0)$ 和 $x_M(0)$ 的相图。

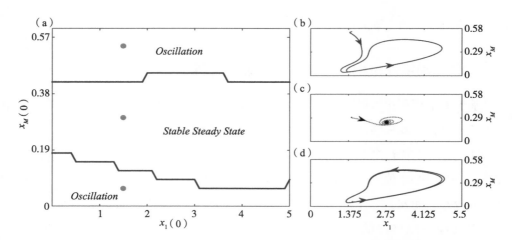

图 4.5 （ a ）模型（4.1）的动力学对 x_1 和 x_M 的初始值 x_1（0）和 x_M（0）的依赖性。图（ b ）—（ d ） x_1 和 x_M 的相图，对应图（ a ）用圆点标记的初始值

4.3　Lévy 噪声诱导的 LPC 和 SNIC 分岔点附近的相转迁

系统（4.1）的随机动力学模型如下：

$$\frac{dx_i(t)}{dt} = f_i + \xi(t) \quad (i = 1, 2, ..., 6),\qquad(4.3)$$

其中，$\xi(t)$ 表示 Lévy 噪声，为 Lévy 稳定运动 $L(t)$ 的形式时间导数。

我们采用 Janicki-Weron 算法生成 Lévy 随机数[54]，

$$\zeta = \begin{cases} D_{\alpha,\beta,\gamma} \dfrac{\sin(\alpha(X+C_{\alpha,\beta}))}{(\cos(X))^{1/\alpha}} \left[\dfrac{\cos(X-\alpha(X+C_{\alpha,\beta}))}{Y}\right]^{(1-\alpha)/\alpha} + \delta, & \alpha \neq 1, \\[3mm] \dfrac{2\gamma}{\pi} \left[(\dfrac{\pi}{2}+\beta X)\tan(X) - \beta\ln(\dfrac{\frac{\pi}{2}\omega\cos(X)}{\frac{\pi}{2}+\beta X})\right] + \delta, & \alpha = 1, \end{cases} \qquad(4.4)$$

其中，

$$C_{\alpha,\beta} = \frac{\arctan(\beta\tan(\frac{\pi\alpha}{2}))}{\alpha}, D_{\alpha,\beta,\gamma} = \gamma[\cos(\arctan(\beta\tan(\frac{\pi\alpha}{2})))]^{-1/\alpha}. \qquad(4.5)$$

ζ 为满足 Lévy 分布的随机数，随机变量 X 为区间 $(-\frac{\pi}{2}, \frac{\pi}{2})$ 上均匀分布的随机变量，Y 为均值是 1 的指数分布的随机变量，两者相互独立。

我们使用随机龙格 - 库塔算法，得到了模型（4.3）的离散数值解[55-56]，

$$x_i^{n+1} = x_i^n + \frac{\Delta t}{6}(k_{i1} + 2k_{i2} + 2k_{i3} + k_{i4}) + \Delta t^{1/\alpha}\xi^n \quad (i = 1, 2, \cdots, 6; n = 1, 2, \cdots), \qquad(4.6)$$

其中 k_{i1}，k_{i2}，k_{i3}，k_{i4}，$(i=1，2，\cdots，6)$ 由以下表达式得到，

$$\begin{cases} k_{i1} = f_i(\mathbf{X}^n), \\ k_{i2} = f_i(\mathbf{X}^n + \dfrac{\Delta t}{2}\mathbf{K}_1), \\ k_{i3} = f_i(\mathbf{X}^n + \dfrac{\Delta t}{2}\mathbf{K}_2), \\ k_{i4} = f_i(\mathbf{X}^n + \Delta t\mathbf{K}_3). \end{cases}$$

$\mathbf{X}^n = (x_1^n，x_2^n，x_3^n，x_4^n，x_5^n，x_6^n)$，$\mathbf{K}_j = (k_{1j}，k_{2j}，k_{3j}，k_{4j}，k_{5j}，k_{6j})(j=1，2，3)$。$\zeta^n$ 是 Lévy 随机数，α 是 Lévy 噪声的稳定性指数。在下面的数值模拟中时间步长 $\Delta t = 0.05$。

4.3.1　不同 Lévy 噪声参数对相转迁的影响

根据上面的分析可知，参数 $\bar{d}_5$ 在 LPC 分岔点左侧和 SNIC 分岔点右侧时，模型（4.1）表现稳定的稳态，因此，在本部分中，针对 LPC 分岔点左侧的 $\bar{d}_5 = 0.65$ 和 SNIC 分岔点右侧的 $\bar{d}_5 = 1.05$，分析 Lévy 噪声的噪声强度 D，稳定性指数 α 和偏斜参数 β 引起相应随机模型（4.3）稳定稳态到稳定极限环的转迁。图 4.6—图 4.11(a_i) 是在高初始条件 $(x_1(0)，x_2(0)，x_3(0)，x_4(0)，x_5(0)，x_6(0)) = (5，0.5，0.5，0.5，3，2)$ 下 x_1 和 x_M 的相图以及图 4.6—图 4.11(b_i) 的能量面 $U(x_1，x_M) = -\ln(P_{ss}(x_1，x_M))$ 刻画相转迁。其中，相图中虚线以及实线分别表示沿箭头方向的稳定稳态和稳定极限环的轨迹。黑点对应于稳定稳态。计算能量面时，$x_i(i=1，\cdots，6)$ 的初始值分别在区间 $[0，5]$，$[0，0.5]$，$[0，0.5]$，$[0，0.5]$，$[0，3]$，$[0，2]$ 中均匀分布。

4.3.1.1　Lévy 噪声参数 D 对相转迁的影响

在本部分，针对 $\bar{d}_5 = 0.65$ 和 $\bar{d}_5 = 1.05$，我们研究噪声强度 D 引起的稳定稳态到振荡的相转迁。

当 $\bar{d}_5 = 0.65$ 时，取 Lévy 噪声的稳定性指数 $\alpha = 0.99$，偏斜参数 $\beta = -1$，图 4.6(a_1) —(a_3) 中 x_1 和 x_M 的相图显示，在 $D=0$ 时，只出现一个高稳态 [图 4.6(a_1)]，当 D 增加到 3.5×10^{-6} 时，一个稳定极限环与高稳态共存 [图 4.6(a_2)]，更大的噪声强度 $D = 5 \times 10^{-6}$ 使得一个新的低稳态出现 [图 4.6(a_3)]，在确定性模型（4.1）中不存在。进一步，以上结果由图 4.6(b_1) —(b_3) 中能量面得到验证。在 $D=0$ 时，能量面呈漏斗形状 [图 4.6(b_1)]，在 $D = 3.5 \times 10^{-6}$ 时，能量面上多一个闭环 [图 4.6(b_2)]，在 $D = 5 \times 10^{-6}$ 时，一个新的漏斗形状的能量面出现，且比原来漏斗形状的

势能低，新的低稳态比高稳态稳定［图4.6(b_3)］。

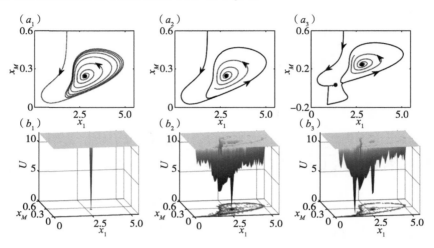

图4.6 (a_1)—(a_3) x_1 和 x_M 的相图，(b_1)—(b_3) 能量面 $U(x_1, x_M) = -ln(P_{ss}(x_1, x_M))$

对于 $\bar{d_5} = 1.05$，我们取 $\alpha = 1.01$，$\beta = -1$，图4.7(a_1)—(a_4) 的 x_1 和 x_M 相图显示，$D = 0$ 时系统只有一个稳定的稳态［图4.7(a_1)］，而 $D = 3 \times 10^{-6}$ 和 $D = 1 \times 10^{-5}$ 时，系统只有一个稳定极限环［图4.7(a_2)，(a_3)］。进一步，$D = 3 \times 10^{-5}$，系统具有一个有一些大脉冲的稳定稳态 $(x_1, x_M) = (1.2747, 0.1170)$［图4.7$(a_4)$］，且不同于 $D = 0$ 处的稳态 $(x_1, x_M) = (1.3714, 0.0478)$。这些相转迁由图4.7$(b_1)$—$(b_4)$ 中的能量面验证，从 $D = 0$ 的一个漏斗形变化到 $D = 3 \times 10^{-6}$ 和 $D = 1 \times 10^{-5}$ 的闭环形状再到 $D = 3 \times 10^{-5}$ 周围有很多浅谷的漏斗形。

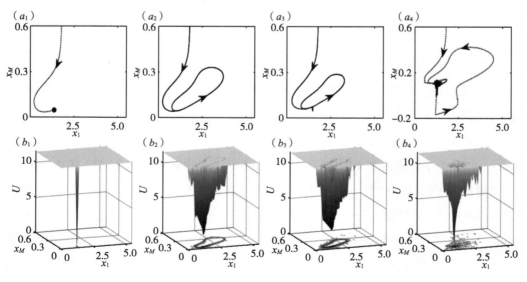

图4.7 (a_1)—(a_4) x_1 和 x_M 的相图，(b_1)—(b_4) 能量面 $U(x_1, x_M) = -ln(P_{ss}(x_1, x_M))$

因此，结果表明，对于稳态区域的参数 $\bar{d}_5 = 0.65$ 和 $\bar{d}_5 = 1.05$，一定的噪声强度会引起稳定稳态到振荡的转迁，而且会产生新的不同于确定模型中的稳定稳态。

4.3.1.2 Lévy 噪声参数 α 对相转迁的影响

在本部分，针对 $\bar{d}_5 = 0.65$ 和 $\bar{d}_5 = 1.05$，我们研究稳定性指数 α 引起的稳定稳态到振荡的相转迁。其中 $\beta = -1$ 和 $D = 5 \times 10^{-6}$。

对于 $\bar{d}_5 = 0.65$，图 4.8(a_1)——(a_3) 中 x_1 和 x_M 的相图显示，当 $\alpha = 0.985$ 时，系统出现一个稳定稳态和一个稳定极限环，而 $\alpha = 0.9$ 和 $\alpha = 1$ 只剩下一个具有簇状脉冲的稳定稳态。此外，图 4.8(b_1)——(b_3) 的能量面显示，当 $\alpha = 0.985$ 时，能量面闭环中有一个漏斗形谷，而在 $\alpha = 0.9$ 和 $\alpha = 1$ 中闭环谷变浅且分散对应于簇状脉冲。

对于 $\bar{d}_5 = 1.05$，图 4.9(a_1)——(a_4) 中 x_1 和 x_M 的相图显示 $\alpha = 0.9$ 和 $\alpha = 1.05$ 时系统有一个稳定稳态，在 $\alpha = 1.015$ 和 $\alpha = 1.03$ 时系统有一个稳定极限环。进一步，图 4.9(b_1)——(b_4) 的能量面显示，在 $\alpha = 1.015$ 和 $\alpha = 1.03$ 时，能量面呈现闭环状，而 $\alpha = 0.9$ 和 $\alpha = 1.05$ 的能量面呈现漏斗形。

因此，研究表明，当 α 在 1 附近变化时，可能引起稳定稳态到振荡的转迁。

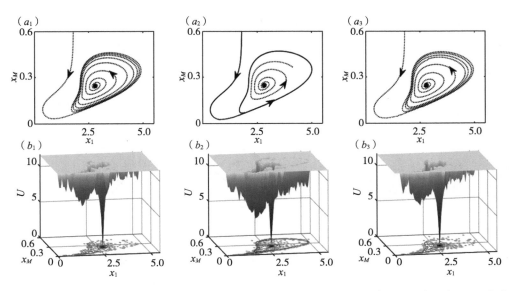

图 4.8 (a_1)——(a_3) x_1 和 x_M 的相图，(b_1)——(b_3) 能量面 $U(x_1, x_M) = -ln(P_{ss}(x_1, x_M))$

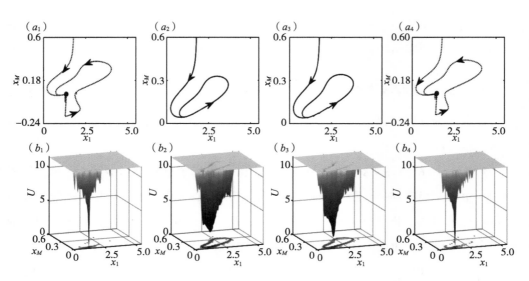

图 4.9 (a_1) — (a_4) x_1 和 x_M 的相图，(b_1) — (b_4) 能量面 $U(x_1, x_M) = -ln(P_{ss}(x_1, x_M))$

4.3.1.3 Lévy 噪声参数 β 对相转迁的影响

在本部分，针对 $\bar{d}_5 = 0.65$ 和 $\bar{d}_5 = 1.05$，我们研究偏斜参数 β 引起的稳定稳态到振荡的相转迁。

对于 $\bar{d}_5 = 0.65$，我们取 $\alpha = 0.99 < 1$，$D = 3.5 \times 10^{-6}$。分别取 $\beta = 0$，-0.7，-1 时，图 4.10(a_1) — (a_3) 的 x_1 和 x_M 的相图显示一直存在伴随着簇状脉冲的稳态，但脉冲数随着 β 的减小而增加，直到 $\beta = -1$ 出现一个稳定极限环。同时，相应的能量面 [图 4.10(b_1) — (b_2)] 一直存在带有少量浅谷的漏斗形谷，在 $\beta = -1$ 出现一个闭环谷。

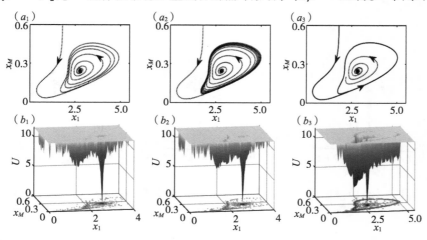

图 4.10 (a_1) — (a_3) x_1 和 x_M 的相图，(b_1) — (b_3) 能量面 $U(x_1, x_M) = -ln(P_{ss}(x_1, x_M))$

对于 $\bar{d}_5 = 1.05$，取参数 $\alpha = 1.01 > 1$，$D = 1 \times 10^{-5}$，图 4.11 (a_1) — (a_4) 中 x_1 和 x_M 的相图以及图 4.11 (b_1) — (b_4) 的能量面表示，当 $\beta = 0$ 时，系统有少量脉冲的稳定稳态对应能量面上带有少量浅谷的漏斗形谷，随着 β 的减小，当 $\beta = -0.2$，-0.4，-1 时，系统有一个稳定的极限环对应能量面的闭环的谷。因此，偏斜参数 β 的减小会导致稳定稳态向稳定极限环的相转迁，且与偏斜参数 β 呈负相关。

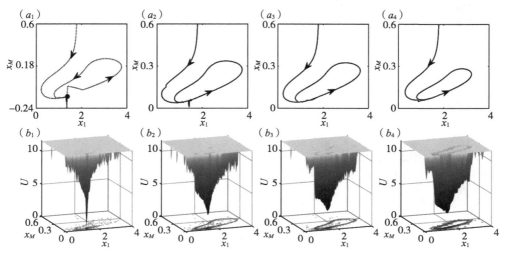

图 4.11 (a_1) — (a_4) x_1 和 x_M 的相图，(b_1) — (b_4) 能量面 $U(x_1, x_M) = -ln(P_{ss}(x_1, x_M))$

4.3.2 不同 Lévy 噪声参数下的相转迁概率

根据前面的分析可知，Lévy 噪声的噪声强度 D，稳定性指数 α 和偏斜参数 β 均会引起稳定稳态到极限环的转迁，在本部分，进一步分析其对稳定稳态到极限环转迁概率的影响，概率是极限环出现的次数与总运行次数的比值。运行总次数是 500，每次运行时间为 1×10^4 分钟，$x_i(i = 1, \cdots, 6)$ 的初始值分别在区间 $[0, 5]$，$[0, 0.5]$，$[0, 0.5]$，$[0, 0.5]$，$[0, 3]$ 和 $[0, 2]$ 中均匀分布。

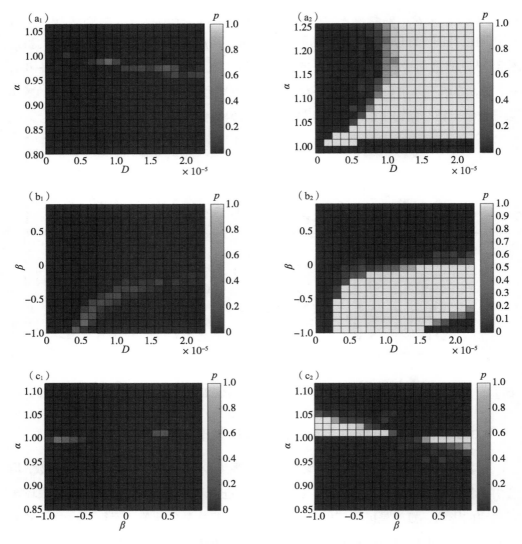

图 4.12 转迁概率关于噪声两个参数的灰度图

针对 $\bar{d}_5 = 0.65$ 和 $\bar{d}_5 = 1.05$，噪声强度 D、稳定性指数 α 和偏斜参数 β 的两两组合影响的转迁概率灰度图如图 4.12（a_1）—（c_1）和（a_2）—（c_2）所示，转迁概率是非线性地依赖每对参数。

图 4.12（a_1）和（a_2）是 $\beta = -1$ 且 $\bar{d}_5$ 分别是 0.65 和 1.05 时转迁概率关于 D 和 α 的灰度图。图 4.12（a_1）显示在（0.95，1）的 α 和大于 5×10^{-6} 的 D 的几个组合才会引起极限环出现，且概率较小。而图 4.12（a_2）的情况与图 4.12（a_1）完全不同，在（1，1.25）的 α 和在（1×10^{-5}，2.2×10^{-5}）的 D 更多组合可以引起极限环产生且概率几乎接近 1。

图 4.12（b_1）和（b_2）是转迁概率关于 D 和 β 的灰度图。图 4.12（b_1）是在 $\alpha = 0.99$ 和 $\bar{d}_5 = 0.65$ 时，（-1，0）的几个 β 和适当的 D 可以诱导稳定极限环的出现。图 4.12（b_2）是在 $\alpha = 1.01$ 和 $\bar{d}_5 = 1.05$ 时，（-1，0）内的 β 和大于 2.5×10^{-6} 的 D 的多数参数组合可诱导稳定极限环出现。

此外，图 4.12（c_1）和（c_2）是 $D = 5 \times 10^{-6}$ 且 $\bar{d}_5$ 分别是 0.65 和 1.05 时转迁概率关于 β 和 α 的灰度图。图 4.12（c_1）中只有几组参数可以引起极限环的出现。在图 4.12（c_2）中，少量在 1 左右的 α 和绝对值为 1 的 β 能引起极限环的出现。

通过对图 4.12（a_1）—（c_1）和（a_2）—（c_2）进行比较发现，Lévy 噪声更易引起低稳态到振荡的转迁（$\bar{d}_5 = 1.05$），但是高稳态很难转迁到振荡（$\bar{d}_5 = 0.65$）。这表明，细胞受到压力时，易从正常状态切换到细胞周期阻滞。较大的噪声强度 D，小于 0 的 β，1 附近的 α 更易引起稳定稳态到振荡的相转迁。由于 Lévy 噪声引起 LPC 左侧和 SNIC 右侧的稳定稳态到振荡的转迁。因此，Lévy 噪声参数可能会改变 LPC 和 SNIC 的位置，这些将在下一节中进一步探讨。

4.3.3　Lévy 噪声对分岔点 LPC 和 SNIC 的影响

在本部分中，我们考虑两种典型情况下 Lévy 噪声参数对确定模型（4.1）分岔点 LPC 和 SNIC 的影响，LPC 和 SNIC 左移或右移，如图 4.13（a_1）—（c_1）和（a_2）—（c_2）所示，其中实线和虚线分别代表确定模型（4.1）的 LPC 和 SNIC 分岔点，虚线 lpc 和三角形线 snic 分别由随机模型（4.3）的 LPC 和 SNIC 分岔点构成，lpc 和 snic 是在高初始条件（$x_1(0)$，$x_2(0)$，$x_3(0)$，$x_4(0)$，$x_5(0)$，$x_6(0)$）=（5，0.5，0.5，0.5，3，2）下多次运行随机模型（4.3）得到的。

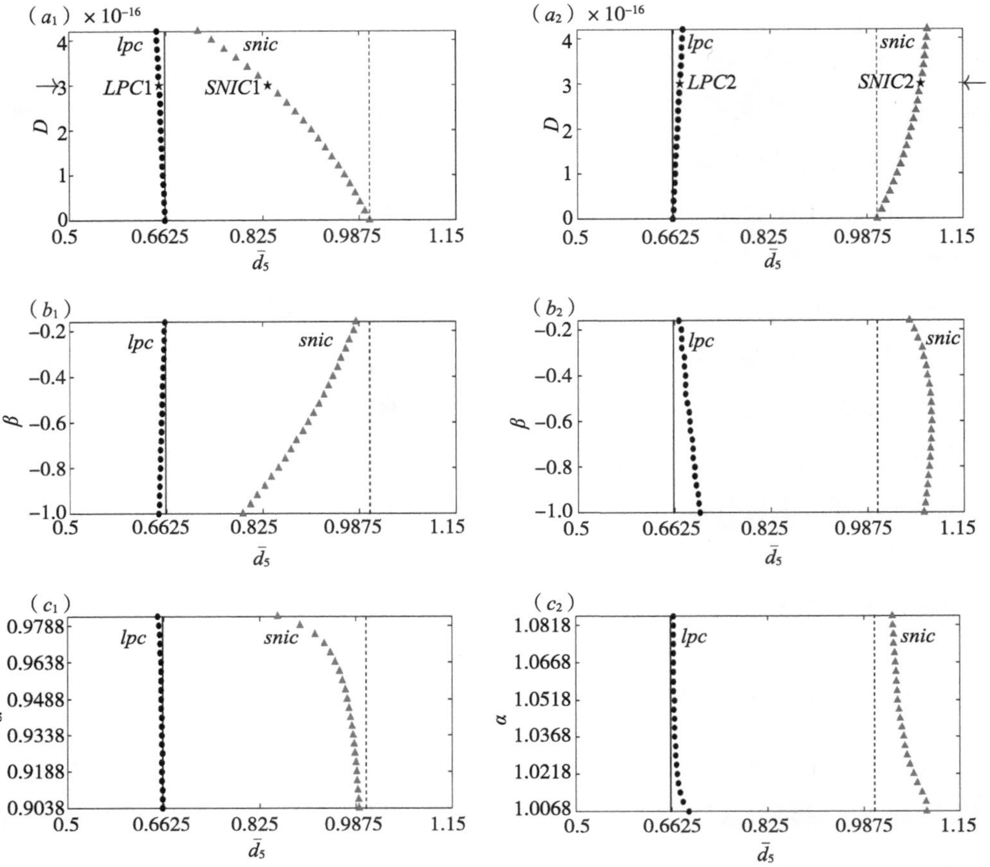

图 4.13　随机模型（4.3）的分岔点 lpc 和 snic

根据图4.13(a_1)—(c_1)，当$\alpha=0.99<1$，$\beta=-1$时，在（0，4.2×10^{-6}]的D会引起LPC和SNIC的左移，同样情况对于$\alpha=0.99<1$，$D=3.5\times10^{-6}$，[-1，-0.16]内的β也适用。图4.13(c_1)显示在$D=5\times10^{-6}$，$\beta=-1$时α在（0.9038，0.9825）内变化时，LPC和SNIC也向左偏移。然而，任何Lévy噪声参数对LPC影响较小，而增大的D，α和减小的β会引起SNIC较大的变化，这些变化对1附近的α值和小于0的β值较敏感。

根据图4.13(a_2)—(c_2)，LPC和SNIC右移，在α=1.01>1，β=-1，在[0，4.2×10^{-6}]内的D[图4.13(a_2)]以及$\alpha=1.01>1$时，$D=1\times10^{-5}$，[−1，−0.16]内的β[图4.13(b_2)]。图4.13(c_2)显示$D=5\times10^{-6}$，$\beta=-1$时，稳定性指数α在[1.0068，1.0855]内变化时，LPC 和SNIC右移。同样，LPC对Lévy 噪声参数的变化不敏感而SNIC却对参数变化敏感。

　　总之，当 $\alpha < 1$，$\beta < 0$ 导致 LPC 和 SNIC 分岔点向左移动，而 $\alpha > 1$，$\beta < 0$ 使它们向右移动。此外，D 的增加和 β 的减少会引起稳定稳态到振荡的转迁，且转迁对 1 附近的 α 敏感。

4.3.4　通过临界指标预测随机模型的分岔点

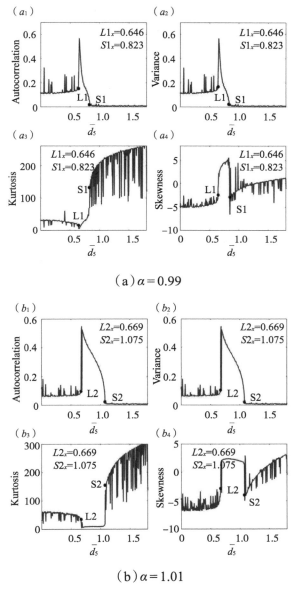

图 4.14　（a_1）（b_1）滞后一阶自相关系数；（a_2）（b_2）方差；（a_3）（b_3）峰度；（a_4）（b_4）偏度

　　在本部分中，针对这两种情况，通过四个经典指标、滞后一阶自相关系数、方差、峰度和偏度预测具有高初始值 $(x_1(1), x_2(1), x_3(1), x_4(1), x_5(1), x_6(1))=(5, 0.5, 0.5, 0.5, 3, 2)$ 的随机模型（4.3）的动力学转迁点。其中滞后一阶自相关系数（Autocorrelation（lag - 1））、方差（Variance）、峰度（Kurtosis）和偏度（Skewness）的公式如下，

$$Autocorrelation(lag-1) = \frac{1}{N-1}\sum_{i=1}^{N-1}(x_i - \bar{x})(x_{i+1} - \bar{x}). \qquad (4.7)$$

$$Variance = \frac{1}{N-1}\sum_{i=1}^{N}(x_i - \bar{x})^2. \qquad (4.8)$$

$$Kurtosis = \frac{1}{N}\frac{\sum_{i=1}^{N}(x_i - \bar{x})^4}{\sigma^4}. \qquad (4.9)$$

$$Skewness = \frac{1}{N}\frac{\sum_{i=1}^{N}(x_i - \bar{x})^3}{\sigma^3}. \qquad (4.10)$$

第一种情况，当 $\alpha=0.99$，$D=3\times10^{-6}$，$\beta=-1$ 时，图 4.14（a_1）—（a_4）显示滞后一阶自相关系数、方差、峰度和偏度都在 L1 点（$L1_x = 0.646$）和 S1 点（$S1_x = 0.823$）处发生突然变化，而且它们都在图 4.13（a_1）的 LPC1（$LPC1_x = 0.651$）和 SNIC1（$SNIC1_x = 0.834$）之前。滞后一阶自相关系数和方差在 L1 点突然增加，在 S1 点缓慢增加，而峰度和偏度都在 L1 点和 S1 点分别减小和增加。因此，滞后一阶自相关系数和方差能更好地预测随机模型（4.3）的 LPC1，而峰度和偏度可以预测 LPC1 和 SNIC1。

第二种情况，当 $\alpha=1.01$，$D=3\times10^{-6}$，$\beta=-1$，图 4.14（b_1）—（b_4）与图 4.14（a_1）—（a_4）相似，滞后一阶自相关系数、方差在 L2（$L2_x = 0.669$）点突然增加和 S2（$S2_x = 1.075$）点缓慢增加，使得它们能很好地预测随机模型（4.3）的 LPC2，如图 4.13（a_2）的 LPC2（$LPC2_x = 0.673$），峰度和偏度能很好地预测 LPC2 和 SNIC2。

因此，峰度和偏度可以预测随机模型（4.3）的转迁点 LPC 和 SNIC，而滞后一阶自相关系数和方差适用于预测随机模型（4.3）的转迁点 LPC。

4.4　本章小结

在本章中，研究了 Lévy 噪声引起随机模型（4.3）的稳定稳态到稳定极限环的相转迁。从相图和能量面角度分析 Lévy 噪声的噪声强度 D，稳定性指数 α 和偏斜参数

β会引起相转迁，并进一步分析它们对转迁概率的影响，结果显示，在 1 附近的稳定性指数 α，大噪声强度 D 和小偏斜参数 β 更容易引起相转迁。通过滞后一阶自相关系数、方差、峰度、偏度预测了随机模型的动力学转迁点，显示峰度和偏度更适用于预测。

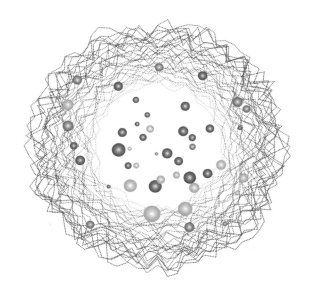

5　时滞引起p53基因调控网络的振荡动力学分析

5.1 模型描述

图5.1 描述PDCD5 调控的p53基因调控网络[7, 57]，细胞受到各种压力会引起DNA 双链断裂（DSBs），DSB 激活 ATM 单体，磷酸化的 ATM（ATM*）进一步促进细胞核p53在$Ser-15$位点的磷酸化（p53）和细胞质中Mdm2在$Ser-395$位点的磷酸化（$Mdm2_{cyt}^{395P}$）。细胞核中的磷酸化p53通过激活蛋白质Wip1，Wip1抑制ATM活性[5]。此外，$Mdm2_{cyt}^{395P}$与细胞质中的Mdm2蛋白（$Mdm2_{cyt}$）和细胞核中的Mdm2蛋白质（$Mdm2_{nuc}$）发生转化。$Mdm2_{cyt}^{395P}$通过与p53 mRNA相互作用激活p53翻译，而$Mdm2_{nuc}$通过结合p53并增加其泛素化来促进p53降解[57]。磷酸化的p53通过促进Mdm2 基因的表达来加速 $Mdm2_{cyt}$ 的产生。此外，PDCD5 通过加速 $Mdm2_{nuc}$ 的降解和抑制$Mdm2_{nuc}$对p53的降解而起到p53的正调节作用。因为从基因转录到蛋白质产生需要一些时间，因此，我们在p53与$Mdm2_{cyt}$的相互作用中引入了时滞。具有时滞的p53基因调节网络的模型方程如下所示。

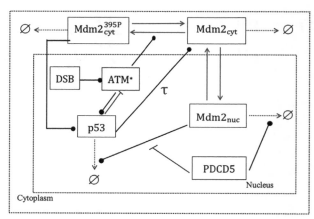

图 5.1　PDCD5 介导的 p53 - Mdm2 通路示意图（状态转变用实线箭头表示，降解用虚线表示，促进和抑制分别用实圆线和条头线表示）

$$
\begin{cases}
\dfrac{\mathrm{d}x(t)}{dt} = v_{p53}f_1(m(t))f_2(z(t)) - d_{p53}f_3(w(t))x(t), \\[2mm]
\dfrac{\mathrm{d}y(t)}{dt} = v_{Mdm2}f_4(x(t-\tau)) - d_{Mdm2}y(t) - k_{in}y(t) + k_{out}w(t) - \\[2mm]
\qquad\quad k_p f_5(m(t))y(t) + k_q z(t), \\[2mm]
\dfrac{\mathrm{d}z(t)}{dt} = k_p f_5(m(t))y(t) - k_q z(t) - g_0 d_{Mdm2}z(t), \\[2mm]
\dfrac{\mathrm{d}w(t)}{dt} = k_{in}y(t) - k_{out}w(t) - (1 + r_2 p)d_{Mdm2}w(t), \\[2mm]
\dfrac{\mathrm{d}m(t)}{dt} = v_A - d_{ATM}f_6(x(t))m(t),
\end{cases}
\tag{5.1}
$$

其中，

$$
f_1(m(t)) = (1-\rho_0) + \rho_0 \frac{m^4(t)}{K_0^4 + m^4(t)}, \qquad f_2(z(t)) = (1-\rho_1) + \rho_1 \frac{z^4(t)}{K_1^4 + z^4(t)},
$$

$$
f_3(w(t)) = (1-\rho_2) + \rho_2 \frac{w^4(t)}{K_2^4(p) + w^4(t)}, \qquad K_2(p) = \bar{k}_0\left((1-r_1) + r_1 \frac{(\alpha p)^4}{1 + (\alpha p)^4}\right),
$$

$$
f_4(x(t)) = (1-\rho_3) + \rho_3 \frac{x^4(t)}{K_3^4 + x^4(t)}, \qquad f_5(m(t)) = (1-\rho_4) + \rho_4 \frac{m^2(t)}{K_4^2 + m^2(t)},
$$

$$
f_6(x(t)) = (1-\rho_5) + \rho_5 \frac{x^4(t)}{K_5^4 + x^4(t)}.
$$

其中，$x(t)$，$y(t)$，$z(t)$，$w(t)$ 和 $m(t)$ 分别表示 p53，$\mathrm{Mdm2_{cyt}}$，$\mathrm{Mdm2_{cyt}^{395P}}$，$\mathrm{Mdm2_{nuc}}$ 和 ATM 蛋白在时刻 t 的浓度。v_i 和 d_i 分别是蛋白质的生产和降解速率。k_p 和 k_q 是 Mdm2 在 Ser – 395 处的磷酸化和去磷酸化速率。k_{in} 和 k_{out} 是 Mdm2 在细胞核和细胞质之间的穿梭速率。此外，蛋白质由具有调控强度 ρ_i，r_i 和希尔常数 K_i，α 的希尔函数描述。假设 ATM 的产生速率和 PDCD5 水平在 DNA 损伤后的 DNA 修复期间为常数 v_A 和 p。模型中参数的数值见表 5.1。

表5.1 参数

参数	值	参数	值	参数	值
v_{p53}	$0.8\ C_s min^{-1}$	ρ_0	0.9	K_0	$0.3\ C_s$
ρ_1	0.98	K_1	$0.057\ C_s$	d_{p53}	$0.53\ min^{-1}$
ρ_2	0.97	$\bar{k}_0$	$0.09\ C_s$	r_1	0.8
α	$3.3\ C_s^{-1}$	v_{Mdm2}	$0.135\ min^{-1}$	ρ_3	0.98
K_3	$4.43\ C_s$	k_{in}	$0.14\ min^{-1}$	k_{out}	$0.01\ min^{-1}$
k_p	$0.65\ min^{-1}$	ρ_4	0.9	K_4	$1\ C_s$
k_q	$0.24\ min^{-1}$	d_{Mdm2}	$0.034\ min^{-1}$	g_0	3.58
r_2	$1.5\ C_S^{-1}$	p	$1.6\ C_s$	d_{ATM}	0.53
ρ_5	0.9	K_5	$1\ C_s$	v_A	$1.2\ min^{-1}$

5.2 霍普夫分岔的理论分析

在本部分中，在无时滞和有时滞时利用稳定性理论分析正平衡 $E^* = (X^*,\ Y^*,\ Z^*,\ W^*,\ M^*)$ 的稳定性。让 $\bar{x}(t) = x(t) - X^*$，$\bar{y}(t) = y(t) - Y^*$，$\bar{z}(t) = z(t) - Z^*$，$\bar{w}(t) = w(t) - W^*$，$\bar{m}(t) = m(t) - M^*$，在平衡点 E^* 处将系统（5.1）线性化，

$$
\begin{cases}
\dfrac{\mathrm{d}\bar{x}(t)}{dt} = B_1\bar{x}(t) + B_2\bar{z}(t) + B_3\bar{w}(t) + B_4\bar{m}(t), \\[2mm]
\dfrac{\mathrm{d}\bar{y}(t)}{dt} = B_{16}\bar{x}(t-\tau) + B_5\bar{y}(t) + B_6\bar{z}(t) + B_7\bar{w}(t) + B_8\bar{m}(t), \\[2mm]
\dfrac{\mathrm{d}\bar{z}(t)}{dt} = B_9\bar{y}(t) + B_{10}\bar{z}(t) + B_{11}\bar{m}(t), \\[2mm]
\dfrac{\mathrm{d}\bar{w}(t)}{dt} = B_{12}\bar{y}(t) + B_{13}\bar{w}(t), \\[2mm]
\dfrac{\mathrm{d}\bar{m}(t)}{dt} = B_{14}\bar{x}(t) + B_{15}\bar{m}(t).
\end{cases} \tag{5.2}
$$

其中，

$$
\begin{aligned}
&B_1 = -d_{p53}f_3(W^*), && B_2 = v_{p53}f_1(M^*)f_2'(Z^*), \\
&B_3 = -d_{p53}f_3'(W^*)X^*, && B_4 = v_{p53}f_1'(M^*)f_2(Z^*), \\
&B_5 = -(d_{Mdm2} + k_{in} + k_p f_5(M^*)), && B_6 = k_q, \\
&B_7 = k_{out}, && B_8 = -k_p f_5'(M^*)Y^* \\
&B_9 = k_p f_5(M^*), && B_{10} = -(k_q + g_0 d_{Mdm2}), \\
&B_{11} = k_p f_5'(M^*)Y^*, && B_{12} = k_{in}, \\
&B_{13} = -(k_{out} + (1 + r_2 p)d_{Mdm2}), && B_{14} = -d_{ATM}f_6'(X^*)M^*, \\
&B_{15} = -d_{ATM}f_6(X^*), && B_{16} = v_{Mdm2}f_4'(X^*).
\end{aligned}
$$

系统（5.2）写成矩阵形式，

$$
\begin{pmatrix}
\dot{x}(t) \\
\dot{y}(t) \\
\dot{z}(t) \\
\dot{w}(t) \\
\dot{m}(t)
\end{pmatrix}
= D_1
\begin{pmatrix}
\bar{x}(t) \\
\bar{y}(t) \\
\bar{z}(t) \\
\bar{w}(t) \\
\bar{m}(t)
\end{pmatrix}
+ D_2
\begin{pmatrix}
\bar{x}(t-\tau) \\
\bar{y}(t-\tau) \\
\bar{z}(t-\tau) \\
\bar{w}(t-\tau) \\
\bar{m}(t-\tau)
\end{pmatrix}, \tag{5.3}
$$

其中，

$$D_1 = \begin{pmatrix} B_1 & 0 & B_2 & B_3 & B_4 \\ 0 & B_5 & B_6 & B_7 & B_8 \\ 0 & B_9 & B_{10} & 0 & B_{11} \\ 0 & B_{12} & 0 & B_{13} & 0 \\ B_{14} & 0 & 0 & 0 & B_{15} \end{pmatrix}, \quad D_2 = \begin{pmatrix} 0 & 0 & 0 & 0 & 0 \\ B_{16} & 0 & 0 & 0 & 0 \\ 0 & 0 & 0 & 0 & 0 \\ 0 & 0 & 0 & 0 & 0 \\ 0 & 0 & 0 & 0 & 0 \end{pmatrix}.$$

利用拉普拉斯变换，

$$L[f(t - T)] = e^{-sT}F(s),$$

$$L[f(t)] = F(s),$$

$$L[f'(t)] = sF(s) - F(0).$$

方程（5.3）写成

$$\lambda \begin{pmatrix} \hat{x}(t) \\ \hat{y}(t) \\ \hat{z}(t) \\ \hat{w}(t) \\ \hat{m}(t) \end{pmatrix} - \begin{pmatrix} \hat{x}(0) \\ \hat{y}(0) \\ \hat{z}(0) \\ \hat{w}(0) \\ \hat{m}(0) \end{pmatrix} = D_1 \begin{pmatrix} \hat{x}(t) \\ \hat{y}(t) \\ \hat{z}(t) \\ \hat{w}(t) \\ \hat{m}(t) \end{pmatrix} + D_2 e^{-\lambda\tau} \begin{pmatrix} \hat{x}(t) \\ \hat{y}(t) \\ \hat{z}(t) \\ \hat{w}(t) \\ \hat{m}(t) \end{pmatrix}. \tag{5.4}$$

让

$$\begin{pmatrix} \hat{x}(0) \\ \hat{y}(0) \\ \hat{z}(0) \\ \hat{w}(0) \\ \hat{m}(0) \end{pmatrix} = 0.$$

线性系统（5.2）的特征方程是

$$det(\lambda I - D_2 e^{-\lambda\tau} - D_1) = 0. \tag{5.5}$$

进一步整理，得到

$$\lambda^5 + a_1\lambda^4 + a_2\lambda^3 + a_3\lambda^2 + a_4\lambda + a_5 + (A_2\lambda^2 + A_1\lambda + A_0)e^{-\lambda\tau} = 0. \tag{5.6}$$

其中，

$a_1 = -(B_1 + B_5 + B_{10} + B_{13} + B_{15})$,

$a_2 = -B_4 B_{14} - B_7 B_{12} - B_6 B_9 + B_{13} B_{15} + B_{10} B_{15} + B_{10} B_{13} + B_1 B_{15} + B_1 B_{10} + B_5 B_{15} + B_5 B_{13} + B_5 B_{10} + B_1 B_5 + B_1 B_{13}$,

$a_3 = -B_2 B_{11} B_{14} + B_4 B_5 B_{14} + B_4 B_{10} B_{14} + B_4 B_{13} B_{14} + B_7 B_{12} B_{15} - B_1 B_{10} B_{15} -$

$$B_1 B_{13} B_{15} - B_1 B_{10} B_{13} - B_5 B_{13} B_{15} - B_5 B_{10} B_{15} - B_5 B_{10} B_{13} + B_1 B_7 B_{12} +$$
$$B_1 B_6 B_9 - B_1 B_5 B_{15} + B_6 B_9 B_{13} + B_6 B_9 B_{15} - B_{10} B_{13} B_{15} - B_1 B_5 B_{13} -$$
$$B_1 B_5 B_{10} + B_7 B_{10} B_{12},$$
$$a_4 = - B_{12} B_3 B_8 B_{14} + B_{12} B_4 B_7 B_{14} + B_2 B_5 B_{11} B_{14} + B_2 B_{11} B_{13} B_{14} - B_4 B_5 B_{10} B_{14} +$$
$$B_1 B_5 B_{10} B_{13} - B_4 B_{10} B_{13} B_{14} - B_7 B_{10} B_{12} B_{15} - B_1 B_7 B_{10} B_{12} - B_1 B_6 B_9 B_{13} -$$
$$B_1 B_6 B_9 B_{15} - B_2 B_8 B_9 B_{14} - B_6 B_9 B_{13} B_{15} + B_5 B_{10} B_{13} B_{15} + B_1 B_5 B_{13} B_{15} +$$
$$B_1 B_5 B_{10} B_{15} - B_4 B_5 B_{13} B_{14} - B_1 B_7 B_{12} B_{15} + B_1 B_{10} B_{13} B_{15} + B_4 B_6 B_9 B_{14},$$
$$a_5 = - B_3 B_6 B_{11} B_{12} B_{14} - B_2 B_5 B_{11} B_{13} B_{14} + B_2 B_8 B_9 B_{13} B_{14} + B_4 B_5 B_{10} B_{13} B_{14} +$$
$$B_1 B_7 B_{10} B_{12} B_{15} + B_1 B_6 B_9 B_{13} B_{15} + B_{12} B_3 B_8 B_{10} B_{14} - B_{12} B_4 B_7 B_{10} B_{14} +$$
$$B_2 B_7 B_{11} B_{12} B_{14} - B_4 B_6 B_9 B_{13} B_{14} - B_1 B_5 B_{10} B_{13} B_{15},$$
$$A_0 = - B_3 B_{10} B_{12} B_{15} B_{16} - B_2 B_9 B_{13} B_{15} B_{16},$$
$$A_1 = B_3 B_{12} B_{15} B_{16} + B_3 B_{10} B_{12} B_{16} + B_2 B_9 B_{13} B_{16} + B_2 B_9 B_{15} B_{16},$$
$$A_2 = - B_3 B_{12} B_{16} - B_2 B_9 B_{16}.$$

5.2.1 情况 I : $\tau = 0$

对于 $\tau = 0$，方程（5.6）变成

$$\lambda^5 + a_1 \lambda^4 + a_2 \lambda^3 + (a_3 + A_2)\lambda^2 + (a_4 + A_1)\lambda + a_5 + A_0 = 0. \tag{5.7}$$

根据 Routh – Hurwitz 判据[58]，平衡点 $E^* = (X^*, Y^*, Z^*, W^*, M^*)$ 的局部稳定性条件见定理 5.1。

定理 5.1 当条件（H）成立时，方程（5.7）的所有根具有负实部，$E^* = (X^*, Y^*, Z^*, W^*, M^*)$ 是局部渐进稳定的。

（H）：

$\Delta_1 = a_1 > 0,$

$\Delta_2 = a_1 a_2 - a_3 - A_2 > 0,$

$\Delta_3 = (a_3 + A_2)(a_1 a_2 - a_3 - A_2) - a_1(a_1(a_4 + A_1) - a_5 - A_0) > 0,$

$\Delta_4 = (a_5 + A_0)(a_2 a_3 + a_2 A_2 - a_5 - A_0 - a_1(a_1^2 - a_4 - A_1)) + (a_4 + A_1)(a_1(a_2 a_3 + a_2 A_2) - a_1^2(a_4 + A_1) - (a_3 + A_2)^2 + a_1(a_5 + A_0)) > 0,$

$\Delta_5 = a_5 + A_0 > 0.$

5.2.2 情况 II : $\tau \neq 0$

对于 $\tau \neq 0$，令 $i\omega\,(\omega > 0)$ 是方程（5.6）的一个根，则 ω 满足下面的方程：

$$i\omega^5 + a_1\omega^4 - ia_2\omega^3 - a_3\omega^2 + ia_4\omega + a_5 + (A_0 - A_2\omega^2 + iA_1\omega)(\cos(\omega\tau) - i\sin(\omega\tau)) = 0.$$

分离实部和虚部，得到

$$\begin{cases} a_1\omega^4 - a_3\omega^2 + a_5 = -(A_0 - A_2\omega^2)\cos(\omega\tau) - A_1\omega\sin(\omega\tau), \\ \omega^5 - a_2\omega^3 + a_4\omega = -A_1\omega\cos(\omega\tau) + (A_0 - A_2\omega^2)\sin(\omega\tau). \end{cases} \quad (5.8)$$

将每个等式的两边平方再相加，得到

$$\omega^{10} + (a_1^2 - 2a_2)\omega^8 + (a_2^2 + 2a_4 - 2a_1a_3)\omega^6 + (a_3^2 - 2a_2a_4 + 2a_1a_5 - A_2^2)\omega^4 +$$
$$(a_4^2 - 2a_3a_5 - A_1^2 + 2A_0A_2)\omega^2 + a_5^2 - A_0^2 = 0. \quad (5.9)$$

令 $z = w^2$，$p = a_1^2 - 2a_2$，$q = a_2^2 + 2a_4 - 2a_1a_3$，$r = a_3^2 - 2a_2a_4 + 2a_1a_5 - A_2^2$，$u = a_4^2 - 2a_3a_5 - A_1^2 + 2A_0A_2$ 和 $v = a_5^2 - A_0^2$。

方程（5.9）可以写成

$$z^5 + pz^4 + qz^3 + rz^2 + uz + v = 0. \quad (5.10)$$

引理 5.1 如果 $v < 0$，方程（5.10）至少有一个正根。

证明： 令 $h(z) = z^5 + pz^4 + qz^3 + rz^2 + uz + v$。因为 $h(0) = v < 0$ 且 $\lim\limits_{z \to +\infty} h(z) = +\infty$。因此，存在一个 $z_0 > 0$ 使得 $h(z_0) = 0$。

对于 $v \geqslant 0$，考虑下面的方程，

$$h'(z) = 5z^4 + 4pz^3 + 3qz^2 + 2rz + u = 0. \quad (5.11)$$

令 $z = y - \dfrac{p}{5}$，那么方程（5.11）可以写成

$$y^4 + p_1 y^2 + q_1 y + r_1 = 0, \quad (5.12)$$

其中，

$$p_1 = -\frac{6}{25}p^2 + \frac{3}{5}q, \ q_1 = \frac{8}{125}p^3 + \frac{6}{25}pq + \frac{2}{5}r, \ r_1 = -\frac{3}{625}p^4 + \frac{3}{125}p^2q - \frac{2}{25}pr + \frac{1}{5}u.$$

如果 $q_1 = 0$，那么方程（5.12）的四个根如下：

$$y_1 = \sqrt{\frac{-p_1 + \sqrt{\Delta_0}}{2}}, \ y_2 = -\sqrt{\frac{-p_1 + \sqrt{\Delta_0}}{2}},$$

$$y_3 = \sqrt{\frac{-p_1 - \sqrt{\Delta_0}}{2}}, \ y_4 = -\sqrt{\frac{-p_1 - \sqrt{\Delta_0}}{2}}.$$

引理 5.2 如果 $v \geqslant 0$ 并且 $q_1 = 0$。

（i）如果 $\Delta_0 < 0$，则方程（5.10）没有正实根。

（ii）如果 $\Delta_0 \geqslant 0$，$p_1 \geqslant 0$ 并且 $r_1 > 0$，则方程（5.10）没有正实根。

（iii）如果条件（i）和（ii）都不成立，则方程（5.10）具有正实根当且仅当至少存在一个 $z^* \in \{z_1, z_2, z_3, z_4\}$ 使得 $z^* > 0$ 和 $h(z^*) \leqslant 0$。

证明：（i）如果 $\Delta_0 < 0$，则方程（5.11）没有实根。因为对于 $z \in \mathbb{R}$，$\lim\limits_{z \to +\infty} h'(z) = +\infty$，所以 $h'(z) > 0$。因此，$h(0) = v \geqslant 0$ 使得当 $z \in (0, +\infty)$ 时 $h(z) \neq 0$。

（ii）如果 $\Delta_0 \geqslant 0$，$p_1 \geqslant 0$ 且 $r_1 > 0$，那么 $h'(z)$ 在 $(-\infty, +\infty)$ 没有零根。与（i）类似的是，对于任何 $z \in (0, +\infty)$，$h(z) \neq 0$。

（iii）充分性显然成立，我们接下来证明必要性。如果 $\Delta_0 \geqslant 0$，则方程（5.12）只有四个根 y_1, y_2, y_3, y_4，所以方程（5.11）只有四个根 z_1, z_2, z_3, z_4 且至少 z_1 是一个实根。假设 z_1, z_2, z_3, z_4 都是实根。这就意味着 $h(z)$ 最多有四个驻点 z_1, z_2, z_3, z_4。如果这不成立，我们将得到 $z_1 \leqslant 0$ 或 $z_1 > 0$ 且 $\min\{h(z_i): z_i \geqslant 0, i = 1, 2, 3, 4\} > 0$。如果 $z_1 \leqslant 0$，那么，在 $(0, +\infty)$ 内 $h'(z) \neq 0$。因为 $h(0) = v \geqslant 0$ 是当 $z \geqslant 0$ 时 $h(z)$ 的严格最小值，这就意味着当 $z \in (0, +\infty)$ 时 $h(z) > 0$。如果 $z_1 > 0$ 且 $\min\{h(z_i): z_i \geqslant 0, i = 1, 2, 3, 4\} > 0$，因为 $h(z)$ 是可导函数，并且 $\lim\limits_{z \to +\infty} h(z) = +\infty$，那么我们有 $\min\limits_{z > 0} h(z) = \min\{h(z_i): z_i \geqslant 0, i = 1, 2, 3, 4\} > 0$。

如果 $q_1 \neq 0$，考虑方程（5.12）的解，

$$q_1^2 - 4(s - p_1)\left(\frac{s^2}{4} - r_1\right) = 0, \tag{5.13}$$

即

$$s^3 - p_1 s^2 - 4r_1 s + 4p_1 r_1 - q_1^2 = 0.$$

令

$$p_2 = -\frac{1}{3}p_1^2 - 4r_1, \quad q_2 = -\frac{2}{27}p_1^3 + \frac{8}{3}p_1 r_1 - q_1^2, \quad \Delta_1 = \frac{1}{27}p_2^3 + \frac{1}{4}q_2^2, \quad \sigma = \frac{1}{2} + \frac{\sqrt{3}}{2}i.$$

因此，方程（5.13）有下面的三个根

$$s_1 = \sqrt[3]{-\frac{q_2}{2} + \sqrt{\Delta_1}} + \sqrt[3]{-\frac{q_2}{2} - \sqrt{\Delta_1}} + \frac{p_1}{3},$$

$$s_2 = \sigma \sqrt[3]{-\frac{q_2}{2} + \sqrt{\Delta_1}} + \sigma^2 \sqrt[3]{-\frac{q_2}{2} - \sqrt{\Delta_1}} + \frac{p_1}{3},$$

$$s_3 = \sigma^2 \sqrt[3]{-\frac{q_2}{2} + \sqrt{\Delta_1}} + \sigma \sqrt[3]{-\frac{q_2}{2} - \sqrt{\Delta_1}} + \frac{p_1}{3}.$$

令 $s^* = s_1 \neq p_1$ [因为 p_1 不是方程（5.13）的根]。方程（5.12）等价于

$$y^4 + s^*y^2 + \frac{(s^*)^2}{4} - [(s^* - p_1)y^2 - q_1y + \frac{(s^*)^2}{4} - r_1] = 0. \tag{5.14}$$

对于方程（5.14），方程（5.13）表明方括号中的公式是完全平方公式。

如果 $s^* > p_1$，那么方程（5.14）是

$$(y^2 + \frac{s^*}{2})^2 - (\sqrt{s^* - p_1}\,y - \frac{q_1}{2\sqrt{s^* - p_1}})^2 = 0.$$

因式分解后，得到

$$y^2 + \sqrt{s^* - p_1}\,y - \frac{q_1}{2\sqrt{s^* - p_1}} + \frac{s^*}{2} = 0,$$

且

$$y^2 - \sqrt{s^* - p_1}\,y + \frac{q_1}{2\sqrt{s^* - p_1}} + \frac{s^*}{2} = 0.$$

令

$$\Delta_2 = -s^* - p_1 + \frac{2q_1}{\sqrt{s^* - p_1}},$$

$$\Delta_3 = -s^* - p_1 - \frac{2q_1}{\sqrt{s^* - p_1}}.$$

得到方程（5.12）的四个根

$$y_1 = \frac{-\sqrt{s^* - p_1} + \sqrt{\Delta_2}}{2}, \quad y_2 = \frac{-\sqrt{s^* - p_1} - \sqrt{\Delta_2}}{2},$$

$$y_3 = \frac{\sqrt{s^* - p_1} + \sqrt{\Delta_3}}{2}, \quad y_4 = \frac{\sqrt{s^* - p_1} - \sqrt{\Delta_3}}{2}.$$

所以 $z_i = y_i - \frac{p}{5}$，$i=1$，2，3，4是方程（5.11）的根，我们可以得到下面的引理。

引理 5.3　假设 $v \geq 0$，$q_1 \neq 0$ 且 $s^* > p_1$.

（i）如果 $\Delta_2 < 0$ 且 $\Delta_3 < 0$，那么方程（5.10）没有正实根。

（ii）如果条件（i）不成立，则方程（5.10）具有正实根当且仅当至少存在一个 $z^* \in \{z_1, z_2, z_3, z_4\}$ 使得 $z^* > 0$ 且 $h(z^*) \equiv 0$。

证明：因为类似于引理 5.2，所以省略了证明。

最后，如果 $s^* < p_1$，则方程（5.14）是，

$$(y^2 + \frac{s^*}{2})^2 + (\sqrt{p_1 - s^*}\,y - \frac{q_1}{2\sqrt{p_1 - s^*}})^2 = 0. \tag{5.15}$$

令 $\bar{z} = \frac{q_1}{2(p_1 - s^*)} - \frac{p}{5}$，我们得到下面的引理。

引理 5.4　假设 $v \geq 0$，$q_1 \neq 0$ 且 $s^* < p_1$，那么方程（5.10）有正实根当且仅当

$$\frac{q_1^2}{4(p_1-s^*)^2} + \frac{s^*}{2} = 0, \ \bar{z} > 0 \text{且} h(\bar{z}) \equiv 0_{\circ}$$

证明：因为方程（5.14）有一个实根 y_0，满足

$$y_0 = \frac{q_1}{2(p_1-s^*)}, \quad y_0^2 = -\frac{s^*}{2},$$

所以

$$\frac{q_1^2}{4(p_1-s^*)^2} + \frac{s^*}{2} = 0.$$

因此，方程（5.14）有一个实根 y_0 当且仅当

$$\frac{q_1^2}{4(p_1-s^*)^2} + \frac{s^*}{2} = 0.$$

剩余的证明和引理5.2类似，我们省略证明。

引理 5.1、引理 5.2、引理 5.3 和引理 5.4 给出了等式（5.10）正根存在的充分必要条件。

假设方程（5.10）有五个正根 z_k，$i=1$，2，3，4，5。则方程（5.9）有五个正根 $\omega_k = \sqrt{z_k}$，$i=1$，2，3，4，5。从方程（5.9）中得到 $\tau_j^{(k)} > 0$，特征方程（5.6）有纯虚根。

$$\begin{aligned}
\tau_j^{(k)} = \frac{1}{\omega_k}(&\arccos(\frac{(A_2a_1-A_1)\omega^6}{(A_0-A_2\omega^2)^2+A_1^2\omega^2} + \frac{(A_1a_2-A_0a_1-A_2a_3)\omega^4}{(A_0-A_2\omega^2)^2+A_1^2\omega^2} \\
&+ \frac{(A_0a_3+A_2a_5-A_1a_4)\omega^2-A_0a_5}{(A_0-A_2\omega^2)^2+A_1^2\omega^2}) + 2j\pi),
\end{aligned}$$

$$k=1, \ 2, \ 3, \ 4, \ 5, \ j=0, \ 1, \ 2\cdots.$$

显然 $\lim\limits_{j\to\infty} \tau_j^{(k)} = \infty$，$k=1$，2，3，4，5。下面定义

$$\begin{aligned}
\tau_0 &= \tau_{j_0}^{k_0} = \min_{1\leq k\leq 5, j\geq 1} \tau_j^{(k)}, \\
\omega_0 &= \omega_{k_0}, \\
z_0 &= z_{k_0}.
\end{aligned} \tag{5.16}$$

基于上面的分析，我们得出了方程（5.6）的所有根具有负实部的条件，见下面的引理。

引理 5.5 （i）如果下面一项成立：（a）$v < 0$；（b）$v \geq 0$，$q_1 = 0$，$\Delta_0 \geq 0$ 且 $p_1 < 0$ 或 $r_1 \leq 0$ 并且存在 $z^* \in \{z_1, \ z_2, \ z_3, \ z_4\}$，使得 $z^* > 0$ 且 $h(z^*) \leq 0$；（c）$v \geq 0$，$q_1 \neq 0$，$s^* > p_1$，$\Delta_2 \geq 0$ 或 $\Delta_3 \geq 0$ 且存在 $z^* \in \{z_1, \ z_2, \ z_3, \ z_4\}$，使得 $z^* > 0$ 和 $h(z^*) \leq 0$；（d）$v \geq 0$，$q_1 \neq 0$，$s^* < p_1$，$\frac{q_1^2}{4(p_1-s^*)^2} + \frac{s^*}{2} = 0$，$\bar{z} > 0$ 和 $h(\bar{z}) \leq 0$，则在 $\tau \in (0,$

τ_0) 时特征方程（5.6）的所有根有负实部。

（ii）如果（i）中的（a）—（d）条件都不满足，则当 $\tau > 0$ 时，方程（5.6）所有根都有负实部。

证明：引理 5.1、引理 5.2、引理 5.3 和引理 5.4 表明，如果（i）中的（a）—（d）条件都不满足，则方程（5.6）对于所有 $\tau > 0$ 都没有实部为零的根。如果（a）—（d）之中有一个成立，当 $\tau \neq \tau_j^{(k)}$，方程（5.6）没有实部为零的根，并且 τ_0 是 τ 的最小值，这使得方程（5.6）具有纯虚根。我们得到引理的结论。

接下来，我们证明系统（5.1）在 $\tau = \tau_0$ 处经历 Hopf 分岔。

让

$$\lambda(\tau) = \alpha(\tau) + i\omega(\tau). \tag{5.17}$$

是方程（5.6）的一个根，满足 $\alpha(\tau_0) = 0$，$\omega(\tau_0) = \omega_0$，得到下面的引理。

引理 5.6 假设 $h'(z_0) \neq 0$，如果 $\tau = \tau_0$，则 $\pm i\omega_0$ 是方程（5.6）的一对简单纯虚根。

证明：如果 $i\omega_0$ 不是简单的，则 ω_0 必须满足

$$\frac{d}{d\lambda}[\lambda^5 + a_1\lambda^4 + a_2\lambda^3 + a_3\lambda^2 + a_4\lambda + a_5 + (A_2\lambda^2 + A_1\lambda + A_0)e^{-\lambda\tau}]|_{\lambda=i\omega_0} = 0.$$

这就意味着

$$\begin{cases} 5\omega_0^4 - 3a_2\omega_0^2 + a_4 = (\tau A_0 - A_2\omega_0^2\tau - A_1)\cos(\omega_0\tau_0) + (A_1\omega_0\tau - 2A_2\omega_0)\sin(\omega_0\tau_0), \\ -4a_1\omega_0^3 + 2a_3\omega_0 = (A_1\omega_0\tau - 2A_2\omega_0)\cos(\omega_0\tau_0) - (\tau A_0 - A_2\omega_0^2\tau - A_1)\sin(\omega_0\tau_0). \end{cases} \tag{5.18}$$

同时，从方程（5.8）得到 ω_0 满足

$$\begin{cases} a_1\omega_0^4 - a_3\omega_0^2 + a_5 = -(A_0 - A_2\omega_0^2)\cos(\omega_0\tau) - A_1\omega_0\sin(\omega_0\tau), \\ \omega_0^5 - a_2\omega_0^3 + a_4\omega_0 = -A_1\omega_0\cos(\omega_0\tau) + (A_0 - A_2\omega_0^2)\sin(\omega_0\tau). \end{cases} \tag{5.19}$$

因此，有

$$(A_2^2\omega_0^4 + A_1^2\omega_0^2 - 2A_0A_2\omega_0^2 + A_0^2)[5\omega_0^8 + 4(a_1^2 - 2a_2)\omega_0^6 + 3(a_2^2 + 2a_4 - 2a_1a_3)\omega_0^4 +$$

$$2(a_3^2 - 2a_2a_4 + 2a_1a_5 - A_2^2)\omega_0^2 + (a_4^2 - 2a_3a_5 - A_1^2 + 2A_0A_2)] + (2A_0A_2 -$$

$$2A_2^2\omega_0^2 - A_1^2)[\omega_0^{10} + (a_1^2 - 2a_2)\omega_0^8 + (a_2^2 + 2a_4 - 2a_1a_3)\omega_0^6 + (a_3^2 - 2a_2a_4 +$$

$$2a_1a_5 - A_2^2)\omega_0^4 + (a_4^2 - 2a_3a_5 - A_1^2 + 2A_0A_2)\omega_0^2 + (a_5^2 - A_0^2)] = 0. \tag{5.20}$$

根据方程（5.10）和 $\omega_0^2 = z_0$，方程（5.20）变成

$$(A_2^2z^2 + A_1^2z - 2A_0A_2z + A_0^2)(5z^4 + 4pz^3 + 3qz^2 + 2rz + u) +$$
$$(2A_0A_2 - 2A_2^2z - A_1^2)(z^5 + pz^4 + qz^3 + rz^2 + uz + v) = 0. \quad (5.21)$$

因为 $h(z) = z^5 + pz^4 + qz^3 + rz^2 + uz + v$ 和 $h'(z) = 5z^4 + 4pz^3 + 3qz^2 + 2rz + u$，方程（5.21）变成 $((A_0 - A_2z_0)^2 + A_1^2z_0)h'(z_0) = 0$。这和条件 $h'(z_0) \neq 0$ 相矛盾。证明了结论。

接下来，在引理 5.7 中给出 $\dfrac{dRe(\lambda(\tau_0))}{d\tau} > 0$ 的条件。

引理 5.7　如果满足引理 5.5 中的条件（i），则 $\dfrac{dRe(\lambda(\tau_0))}{d\tau} > 0$。

证明：方程（5.6）两边对 τ 求导

$$\left(\frac{d(\lambda(\tau))}{d\tau}\right)^{-1} = \frac{5\lambda^4 + 4a_1\lambda^3 + 3a_2\lambda^2 + 2a_3\lambda + a_4 + e^{-\lambda\tau}(2A_2\lambda + A_1)}{e^{-\lambda\tau}(A_2\lambda^3 + A_1\lambda^2 + A_0\lambda)} - \frac{\tau}{\lambda}. \quad (5.22)$$

因此

$$\left[\frac{d(Re(\lambda(\tau)))}{d\tau}\right]^{-1}\Bigg|_{\tau=\tau_0}$$
$$= \frac{5\omega_0^8 + 4p\omega_0^6 + 3q\omega_0^4 + 2r\omega_0^2 + u}{(A_0 - A_2\omega_0^2)^2 + A_1^2\omega_0^2}$$
$$= \frac{h'(z_0)}{(A_0 - A_2\omega_0^2)^2 + A_1^2\omega_0^2} \neq 0.$$

如果 $\dfrac{dRe\lambda(\tau_0)}{d\tau} < 0$，则方程（5.6）当 $\tau < \tau_0$ 时有一个实部为正的根，且接近 τ_0，这与引理 5.5(i) 相矛盾。证毕。

综上所述，可以得到下面的定理。

定理 5.2　设 ω_0，z_0，τ_0，和 $\lambda(\tau)$ 分别由方程（5.16）和方程（5.17）定义。

（i）如果不满足引理 5.5 的条件（a）—（d），则方程（5.6）的所有根对于所有 $\tau > 0$ 都具有负实部。

（ii）如果满足引理 5.5 条件（a）—（d）中的一个，则当 $\tau \in (0, \tau_0)$ 时，方程（5.6）的所有根有负实部；当 $\tau = \tau_0$ 且 $h'(z_0) \neq 0$，则 $\pm i\omega_0$ 是方程（5.6）的一对简单纯虚根，且其他根都有负实部。另外，$\dfrac{dRe(\lambda(\tau_0))}{d\tau} > 0$ 并且当 $\tau \in (\tau_0, \tau_1)$ 时方程（5.6）至少有一个根具有正实部，τ_1 是 $\tau > \tau_0$ 使得方程（5.6）具有纯虚根的第一个值。

定理 5.3　设 ω_0，z_0，τ_0 和 $\lambda(\tau)$ 分别由方程（5.16）和方程（5.17）定义。

（i）如果不满足引理 5.5 的条件（a）—（d），则对于所有 $\tau > 0$，系统（5.1）的正

平衡点 $E^*=(X^*,\ Y^*,\ Z^*,\ W^*,\ M^*)$ 是渐进稳定的。

（ii）如果满足引理 5.5 条件（a）—（d）中的一个，则对于所有 $\tau \in (0,\ \tau_0)$，系统（5.1）的正平衡点 $E^*=(X^*,\ Y^*,\ Z^*,\ W^*,\ M^*)$ 是渐进稳定的。

（iii）如果满足引理 5.5 中的条件（a）—（d），且 $h'(z_0) \neq 0$，系统（5.1）在 $\tau=\tau_0$ 时处经历 Hopf 分岔。

综上所述，定理 5.1 和定理 5.3 给出了系统（5.1）正平衡 $E^*=(X^*,\ Y^*,\ Z^*,\ W^*,\ M^*)$ 的局部稳定性。分别描述了系统（5.1）无时滞和有时滞时 Hopf 分岔产生的条件。下面给出了一些数值模拟来验证这些定理的正确性。

5.3　数值模拟

在本部分中，对于 $\tau=0$ 和 $\tau \neq 0$ 两种情况，通过具有活性 p53(x)，总 Mdm2$(y+z+w)$ 和 ATM(m) 浓度的时间历程图以及方程（5.6）的特征值分别验证定理 5.1 和定理 5.3。此外，p53 浓度 (x) 对于 τ 的单参数分岔图，以及 p53(x) 和总 Mdm2$(y+z+w)$ 的能量面也验证了定理 5.3 的正确性。这些图均通过 MATLAB 软件实现。

对于 $\tau=0$，利用表 5.1 中的参数，得到系统（5.1）的一个正平衡点 $E^*=(3.0492,\ 0.0770,\ 0.1184,\ 0.0858,\ 2.2877)$。根据这些值得到 $\Delta_1=1.9910>0$，$\Delta_2=2.2370>0$，$\Delta_3=0.6136>0$，$\Delta_4=0.0197>0$ 和 $\Delta_5=0.0134>0$，满足定理 5.1 的条件（H），所以正平衡点 E^* 是渐进稳定的，图 5.2 的数值模拟验证了上面的结论。图 5.2（a）表明 x，$y+z+w$ 和 m 的值先增加，然后收敛到正平衡点 E^*。此外，图 5.2（b）显示在平衡点 E^* 处的特征方程（5.7）的所有根都具有负实部。

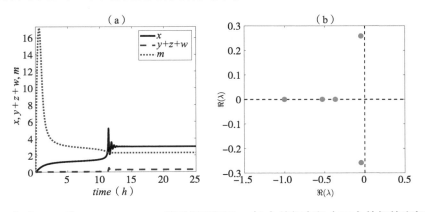

图 5.2　（a）$\tau=0$ 时 x，$y+z+w$，m 的时间历程图，（b）特征方程（5.7）的根的实部和虚部

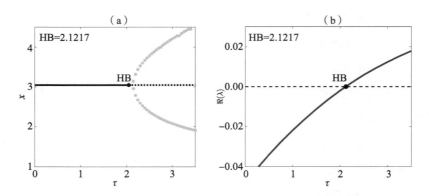

图5.3 （a）x对于τ的分岔图，（b）特征方程（5.6）的特征值的最大实部关于τ的变化

对于$\tau \neq 0$的情况，将正平衡点E^*和表5.1中的参数代入方程（5.9）中，得到

$$\omega^{10} + 1.2866\omega^8 + 0.3695\omega^6 + 0.0246\omega^4 - 4.4345 \times 10^{-4}\omega^2 - 1.2282 \times 10^{-4} = 0. \quad (5.24)$$

方程（5.24）有一个正根$\omega_0 = 0.2342$，则根据方程（5.9）得到$z_0 = \omega_0^2 = 0.0548$和$\tau_0 = 2.1217$。因为$v = -1.2282 \times 10^{-4} < 0$和$h'(z_0) = 0.0065 \neq 0$，定理5.3的条件（ii）和（iii）满足，所以当$\tau \in (0, \tau_0)$时，正平衡点E^*是渐进稳定的。当$\tau_0 = 2.1217$时，系统（5.1）经历Hopf分岔，这时E^*失去稳定性，并且出现稳定极限环。图5.3—图5.6的数值模拟验证了定理5.3的正确性。图5.3(a)是x关于τ的单参数分岔图，其中实线和虚线是稳定和不稳定平衡点，实点是稳定极限环的最大值和最小值。如图5.3(a)所示，当$\tau < \tau_0$时，系统（5.1）收敛于正平衡点E^*。当$\tau = \tau_0$时，系统（5.1）在HB点经历Hopf分岔，正平衡点E^*失去稳定性，当$\tau > \tau_0$时，系统出现稳定极限环。此外，正平衡点E^*的稳定性通过图5.3(b)中特征方程（5.6）特征值的最大实部进一步验证，最大实部在$\tau < \tau_0$时为负，在$\tau = \tau_0$时为零，$\tau > \tau_0$时则为正。

图5.4是在三个典型时滞$\tau = 1 < \tau_0$，$\tau = 2.1217 = \tau_0$和$\tau = 2.5 > \tau_0$时，x，$y + z + w$，m的时间历程图，当$\tau = 1$[图5.4(a)]，系统（5.1）收敛于稳定平衡点E^*，当$\tau = \tau_0$时[图5.4(b)]，为阻尼振荡。当$\tau = 2.5$时[图5.4(c)]，处于连续振荡的状态。图5.5是特征方程（5.6）的根，在$\tau = 1$[图5.5(a)]处所有的根均具有负实部。在$\tau = 2.1217$[图5.5(b)]处，有一对零实部的根出现。当$\tau = 2.5$时[图5.5(c)]，一些根具有正实部。

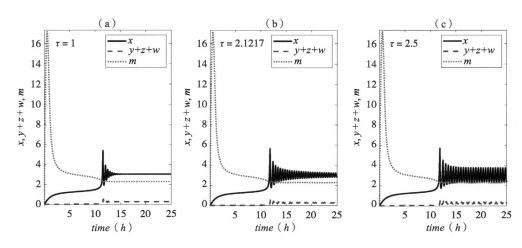

图 5.4 x，$y+z+w$，m 的时间历程图

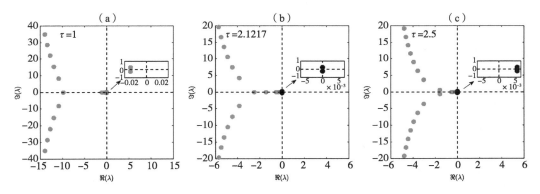

图 5.5 特征方程（5.6）在 E^* 处的根，$\Re(\lambda)$ 和 $\Im(\lambda)$ 是根的实部和虚部

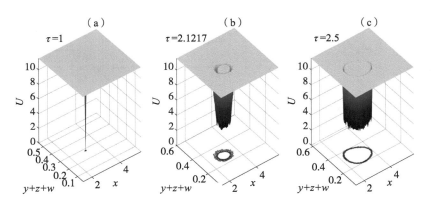

图 5.6 x 和 $y+z+w$ 的能量面

此外，通过图 5.6 中 x 和 $y+z+w$ 的能量面来探索 p53 动力学的全局稳定性。如图 5.6（a）所示，能量面具有的全局最小值对应系统（5.1）的稳定稳态。然而，图

5.6（b）和（c）中的能量面是闭环的谷，对应系统（5.1）中的稳定极限环。$\tau = 2.1217$ 的能量面比 $\tau = 2.5$ 的能量面具有更宽的吸引区域，因为系统（5.1）在 $\tau = 2.1217$ 时显示阻尼振荡，在 $\tau = 2.5 > \tau_0$ 时显示连续振荡。

本节的数值模拟与上节的理论结果一致。下面我们将从分岔角度进一步探讨时滞 τ 和系统（5.1）中参数对 p53 振荡动力学的影响。

5.4 分岔分析

为了研究时滞 τ 对 p53 振荡动力学的影响，我们对时滞 τ 和几个典型参数进行了双参数分岔分析，包括 PDCD5（p）的浓度，p53 和 Mdm2 的最大生成和降解速率：v_{p53}，d_{p53}，v_{Mdm2}，d_{Mdm2}。图5.7—图5.8（a）显示了双参数分岔图，其中黑色实线 hb 表示 Hopf 分岔曲线。对于每个双参数分岔图，图 5.7 和图5.8（b）—（e）中给出几个典型的单参数分岔图，其中实线和虚线分别为稳定和不稳定稳态，实点为稳定极限环的最大值和最小值。

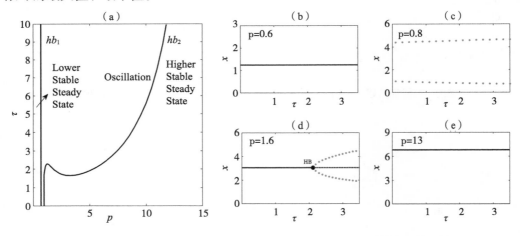

图 5.7 （a）τ 和 p 的双参数分岔图，（b）—（e）x 关于 τ 分岔图

图 5.7（a）是时滞 τ 和 PDCD5（p）浓度的双参数分岔图。图中的 Hopf 分岔曲线 hb_1 和 hb_2 将参数区域分成三部分。对于曲线 hb_1 左侧的参数，$p < 0.710$，τ 为（0，10）之间的任意实数，p53 达到较低的稳定状态。两条曲线 hb_1 和 hb_2 之间的参数引起 p53 振荡，其中当 $0.710 < p < 0.974$ 时，对任何 τ 值，p53 振荡，而当 $0.974 < p < 11.9$ 时，τ 需增加到一定值时，p53 可以振荡。然而，当 $p > 11.9$ 时 p53 对于任何 τ

都达到更高的稳定状态。为直观起见，图 5.7（b）——（e）给出了四种典型 p 值下，x 关于 τ 的单参数分岔图。

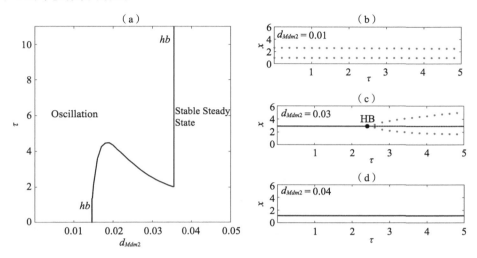

图 5.8 （a）τ 和 d_{Mdm2} 的双参数分岔图，（b）——（d）x 关于 τ 的分岔图

此外，关于 τ 和 d_{Mdm2} 的双参数分岔图如图 5.8（a）所示，当 d_{Mdm2} 小于 0.0146 时，无论 τ 为多少，p53 都表现出振荡。当 d_{Mdm2} 大于 0.0355 时，对于任何 τ，p53 达到稳定稳态。而当 d_{Mdm2} 在 0.0146 和 0.0355 之间变化时，随着 τ 的增加，p53 从稳定稳态变为振荡。这些动力学如图 5.8（b）——（d）中的单参数分岔图所示。

图 5.9—图 5.11（a）分别显示了关于 τ 和 v_{p53}，d_{p53}，v_{Mdm2} 的双参数分岔图，其中 Hopf 分岔曲线 hb 将参数平面分成两部分。p53 在曲线 hb 上方表现出振荡，并在曲线 hb 外达到稳定的稳态。如图 5.9—图 5.11（a）所示，对于适当的速率常数，时滞可以诱导 p53 振荡，而对于较大和较小的参数，时滞对 p53 动力学没有影响。Hopf 分岔曲线上的时滞随着 v_{p53} 和 v_{Mdm2} 的增加而增加，而时滞则随着 d_{p53} 的增加而减小。此外，从图 5.9 和图 5.11（b）——（d）的单参数分岔图来看，对于较小的 v_{p53} 和 v_{Mdm2}，p53 达到较低的稳态水平，对于大的 v_{p53} 和 v_{Mdm2}，p53 达到较高的稳态水平。对于 d_{p53} 来说，情况相反。

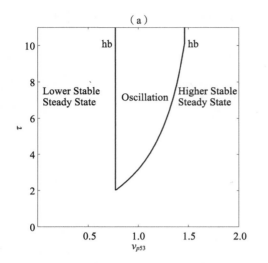

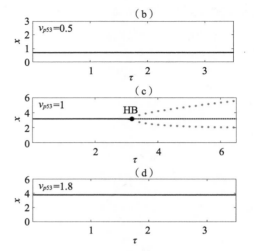

图 5.9　（a）τ 和 v_{p53} 的双参数分岔图，（b）—（d）x 关于 τ 的分岔图

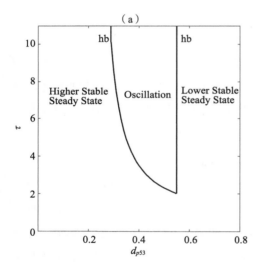

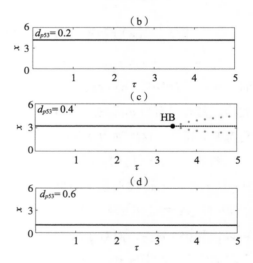

图 5.10　（a）τ 和 d_{p53} 的双参数分岔图，（b）—（d）x 关于 τ 的分岔图

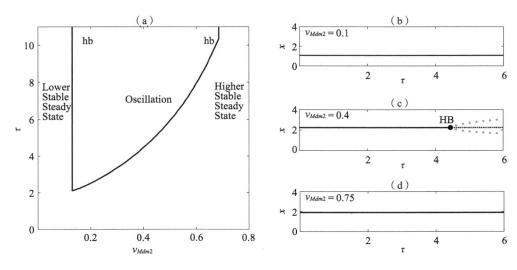

图 5.11 （a）τ 和 V_{Mdm2} 的双参数分岔图，（b）—（d）x 关于 τ 的分岔图

5.5　本章小结

p53 的振荡动力学在决定 DNA 损伤后的细胞命运中起着关键作用。转录和翻译过程中的时间延迟是诱导振荡的重要因素。在本章中，通过稳定性理论和分岔分析，探讨了 PDCD5 调控的 p53 基因调控网络中 Mdm2 基因表达的时间延迟对 p53 振荡的影响。首先，我们通过稳定性分析理论，给出了在无时滞和有时滞情况下 p53 振荡出现的条件。其次，通过数值模拟验证了这些定理，包括 p53 浓度的时间历程图，p53 浓度与时滞的单参数分岔图，特征方程根的分布以及 p53 和总 Mdm2 浓度的能量面。此外，通过双参数分岔图探索了系统（5.1）中的时滞和几个典型参数 p，v_{p53}，d_{p53}，v_{Mdm2} 和 d_{Mdm2} 对 p53 振荡的影响，给出了 p53 振荡边界曲线。结果表明，对于大多数参数适当的值，时滞可以诱导 p53 振荡，而对于这些参数的较小值和较大值，它对 p53 动力学没有影响。总之，分析时滞对 p53 振荡的影响将有助于我们理解 p53 振荡机制。

在本章中，探讨了 PDCD5 调控的 p53 基因调控网络中 Mdm2 基因表达的时间延迟对 p53 振荡的影响。结果表明，对于大多数参数的适当的值，适当的时间延迟可以诱导 p53 振荡。然而，p53 基因调控网络中的多重时滞对 p53 动力学的影响还需要进一步研究。

参考文献

[1] PURVIS J E, KARHOHS K W, MOCK C, et al. p53 dynamics control cell fate[J]. Science, 2012, 336(6087): 1440-1444.

[2] ZHANG X P, LIU F, CHENG Z, et al. Cell fate decision mediated by p53 pulses[J]. Proceedings of the National Academy of Sciences, 2009, 106(30): 12245-12250.

[3] ZHANG X P, LIU F, Wang W. Two-phase dynamics of p53 in the DNA damage response[J]. Proceedings of the National Academy of Sciences, 2011, 108(22): 8990-8995.

[4] CHEN C Y, OLINER J D, ZHAN Q, et al. Interactions between p53 and MDM2 in a mammalian cell cycle checkpoint pathway[J]. Proceedings of the National Academy of Sciences, 1994, 91(7): 2684-2688.

[5] PRIVES C. Signaling to p53 : Breaking the MDM2 –p53 circuit[J]. Cell, 1998, 95(1): 5-8.

[6] GAJJARM, CANDEIAS M M, MALBERT-COLAS L, et al. The p53 mRNA-Mdm2 interaction controls Mdm2 nuclear trafficking and is required for p53 activation following DNA damage[J]. Cancer cell, 2012, 21(1): 25-35.

[7] BI Y, YANG Z, MENG X, et al. Noise-induced bistable switching dynamics through a potential energy landscape[J]. Acta Mechanica Sinica, 2015, 31: 216-222.

[8] ZHANG X P, LIU F, WANG W. Regulation of the DNA damage response by p53 cofactors[J]. Biophysical journal, 2012, 102(10): 2251-2260.

[9] KUZNETSOV Y A, KUZNETSOV I A, KUZNETSOV Y. Elements of applied bifurcation theory[M]. New York: Springer, 1998.

[10] HAT B, KOCHAHCZYK M, BOGDA MN, et al. Feedbacks, bifurcations and cell fate decision-making in the p53 system[J]. PLoS computational biology, 2016, 12(2): e1004787.

[11] LIU M, MENG F, HU D. Bogdanov –Takens and Hopf bifurcations analysis of a genetic regulatory network[J]. Qualitative Theory of Dynamical Systems, 2022, 21(2): 45.

[12] ZHOU H, TANG B, ZHU H, et al. Bifurcation and dynamic analyses of non-

monotonic predator –prey system with constant releasing rate of predators[J]. Qualitative theory of dynamical systems, 2022, 21: 1-40.

[13] LI D, LI C. Noise-induced dynamics in the mixed-feedback-loop network motif[J]. Physical Review E, 2008, 77(1): 011903.

[14] TANG J, YANG X, MA J, et al. Noise effect on persistence of memory in a positive-feedback gene regulatory circuit[J]. Physical Review E, 2009, 80(1): 011907.

[15] GARAIN K, SARATHI MANDAL P. Stochastic sensitivity analysis and early warning signals of critical transitions in a tristable prey–predator system with noise[J]. Chaos: An Interdisciplinary Journal of Nonlinear Science, 2022, 32(3).

[16] MI L, GUO Y, DING J. Transient properties of grazing ecosystem driven by Lévy noise and Gaussian noise[J]. Physica Scripta, 2023, 98(9): 095026.

[17] LIU Q R, GUO Y F, ZHANG M. The effects of Gaussian and Lévy noises on the transient properties of asymmetric tristable system[J]. Indian Journal of Physics, 2023, 97(7): 2261-2271.

[18] XU L, PATTERSON D, LEVIN S A, et al. Non-equilibrium early-warning signals for critical transitions in ecological systems[J]. Proceedings of the National Academy of Sciences, 2023, 120(5): e2218663120.

[19] GEVA-ZATORSKY N, ROSENFELD N, ITZKOVITZ S, et al. Oscillations and variability in the p53 system[J]. Molecular systems biology, 2006, 2(1).

[20] LEV BAR-OR R, MAYA R, SEGEL L A, et al. Generation of oscillations by the p53 -Mdm2 feedback loop: A theoretical and experimental study[J]. Proceedings of the National Academy of Sciences, 2000, 97(21): 11250-11255.

[21] WANG C, YAN F, LIU H, et al. Theoretical study on the oscillation mechanism of p53 -Mdm2 network[J]. International Journal of Biomathematics, 2018, 11(8): 1850112.

[22] HASTY J, PRADINES J, DOLNIK M, et al. Noise-based switches and amplifiers for gene expression[J]. Proceedings of the National Academy of Sciences, 2000, 97(5): 2075-2080.

[23] LIU Q, JIA Y. Fluctuations-induced switch in the gene transcriptional regulatory system[J]. Physical Review E, 2004, 70(4): 041907.

[24] HUANG M C, WU JW, LUO Y P, et al. Fluctuations in gene regulatory networks as Gaussian colored noise[J]. The Journal of chemical physics, 2010, 132（15）.

[25] ZHENG Y, SERDUKOVA L, DUAN J, et al. Transitions in a genetic transcriptional regulatory system under Lévy motion[J]. Scientific reports, 2016, 6（1）: 29274.

[26] BASHKIRTSEVA I, RYASHKO L, ZAITSEVA S. Noise-induced variability of nonlinear dynamics in 3D model of enzyme kinetics[J]. Communications in Nonlinear Science and Numerical Simulation, 2020, 90: 105351.

[27] MA J, XU Y, LI Y, et al. Precursor criteria for noise-induced critical transitions in multi-stable systems[J]. Nonlinear Dynamics, 2020, 101: 21-35.

[28] ELIA J, MACNAMARA C K. Mathematical modelling of p53 signalling during DNA damage response a survey[J]. International Journal of Molecular Sciences, 2021, 22（19）: 10590.

[29] ZHENG Q, SHEN J, WANG Z. Pattern formation and oscillations in reaction-diffusion model with p53 -Mdm2 feedback loop[J]. International Journal of Bifurcation and Chaos, 2019, 29（14）: 1930040.

[30] SOTOMAYOR J. Generic bifurcations of dynamical systems[J]. 1973: 561-582.

[31] SUN T, YUAN R, XU W, et al. Exploring a minimal two-component p53 model[J]. Physical Biology, 2010, 7（3）: 036008.

[32] PERKO L. Differential equations and dynamical systems[M]. Springer Science & Business Media, 2013.

[33] HASSARD B D, KAZARINOF N D, WAN Y H. Theory and applications of Hopf bifurcation[J]. CUP Archive, 1981.

[34] ABOU JAOUDÉW, OUATTARA D A, KAUFMAN M. From structure to dynamics: Frequency tuning in the p53-Mdm2 network: I. logical approach[J]. Journal of theoretical biology, 2009, 258（4）: 561-577.

[35] WANG D G, WANG S, HUANG B, et al. Roles of cellular heterogeneity, intrinsic and extrinsic noise in variability of p53 oscillation[J]. Scientific reports, 2019, 9（1）: 5883.

[36] WANG J, XU L, WANG E. Potential landscape and flux framework of nonequilibrium networks: robustness, dissipation and coherence of biochemical

oscillations[J]. Proceedings of the National Academy of Science, 2008, 105（34）: 12271-12276.

[37] SUEL G M, KULKARNI R P, DWORKIN J, et al. Tunability and noise dependence in differentiation dynamics[J]. Science, 2007, 315（5819）: 1716-1719.

[38] SUEL G M, GARCIA-OJALVO J, LIBERMAN L M, et al. An excitable gene regulatory circuit induces transient cellular differentiation[J]. Nature, 2006, 440（7083）: 545-550.

[39] JOURDAIN B, MÉLÉARD S, WOYCZYNSKI WA. Lévy lights in evolutionary ecology[J]. Journal of mathematical biology, 2012, 65: 677-707.

[40] VAN DE LEEMPUT IA, WICHERS M, CRAMER A OJ, et al. Critical slowing down as early warning for the onset and termination of depression[J]. Proceedings of the National Academy of Sciences, 2014, 111（1）: 87-92.

[41] FAGHANI Z, JAFARI S, CHEN C Y, et al. Investigating bifurcation points of neural networks: Application to the epileptic seizure[J]. The European Physical Journal B, 2020, 93: 1-18.

[42] NAZARIMEHR F, JAFARI S, HASHEMI GOLPAYEGANI SMR, et al. Predicting tipping points of dynamical systems during a period-doubling route to chaos. Chaos 2018, 28（7）: 073102.

[43] MA J, XU Y, LI Y, et al. Predicting noise-induced critical transitions in bistable systems[J]. Chaos: An Interdisciplinary Journal of Nonlinear Science, 2019, 29（8）.

[44] LI C, WANG J. Landscape and flux reveal a new global view and physical quantification of mammalian cell cycle[J]. Proceedings of the National Academy of Sciences, 2014, 111（39）: 14130-14135.

[45] YAN H, ZHAO L, HU L, et al. Nonequilibrium landscape theory of neural networks[J]. Proceedings of the National Academy of Sciences, 2013, 110（45）: E4185-E4194.

[46] LI C, WANG J. Quantifying the landscape for development and cancer from a core cancer stem cell circuit[J]. Cancer research, 2015, 75（13）: 2607-2618.

[47] YAN H, ZHANG K, WANG J. Physical mechanism of mind changes and tradeoffs among speed, accuracy, and energy cost in brain decision making: Landscape,

flux and path perspectives[J]. Chinese Physics B, 2016, 25（7）: 078702.

[48] YE L, SONG Z, LI C. Landscape and flux quantify the stochastic transition dynamics for p53 cell fate decision[J]. The Journal of Chemical Physics, 2021, 154（2）.

[49] CHU X, WANG J. Conformational state switching and pathways of chromosome dynamics in cell cycle[J]. Applied Physics Reviews, 2020, 7（3）.

[50] FANG X, LIU Q, BOHRER C, et al. Cell fate potentials and switching kinetics uncovered in a classic bistable genetic switch[J]. Nature communications, 2018, 9（1）: 2787.

[51] BI Y, LIU Q, WANG L, et al. Bifurcation and potential landscape of p53 dynamics depending on PDCD5 level and ATM degradation rate[J]. International Journal of Bifurcation and Chaos, 2020, 30（9）: 2050134.

[52] ZHUGE C, CHANG Y, LI Y, et al. PDCD5-regulated cell fate decision after ultraviolet-irradiation-induced DNA damage[J]. Biophysical Journal, 2011, 101（11）: 2582-2591.

[53] ERMENTROUT B, MAHAJAN A. Simulating, analyzing, and animating dynamical systems: a guide to XPPAUT for researchers and students[J]. Applied Mechanics Reviews, 2003, 56（4）: B53-B53.

[54] KEN-ITI S. Lévy processes and infinitely divisible distributions[M]. Cambridge university press, 1999.

[55] HONEYCUTT R L. Stochastic Runge-Kutta algorithms. I. white noise[J]. Physical Review A, 1992, 45（2）: 600.

[56] HONEYCUTT R L. Stochastic Runge-Kutta algorithms. II. colored noise[J]. Physical Review A, 1992, 45（2）: 604.

[57] ZHUGE C, SUN X, CHEN Y, et al. PDCD5 functions as a regulator of p53 dynamics in the DNA damage response[J]. Journal of Theoretical Biology, 2016, 388: 1-10.

[58] PARKS P C. A new proof of the Routh-Hurwitz stability criterion using the second method of Liapunov[C] Mathematical Proceedings of the Cambridge Philosophical Society. Cambridge University Press, 1962, 58（4）: 694-702.

[59] BI Y, YANG Z, ZHUGE C, et al. Bifurcation analysis and potential landscapes

of the p53 - Mdm2 module regulated by the coactivator programmed cell death 5[J]. Chaos: An Interdisciplinary Journal of Nonlinear Science, 2015, 25(11).

[60] ZHANG T, JIANG H, TENG Z. On the distribution of the roots of a fifth degree exponential polynomial with application to a delayed neural network model[J]. Neurocomputing, 2009, 72(4-6): 1098-1104.